Android手机玩家秘笈

张刚峰　编著

清华大学出版社
北京

内 容 简 介

　　本书将带领读者进入Android系统的世界。全书共8章，主要内容包括Android背后的那点故事、Android手机基本功能使用、炫酷设定自由掌控、安全设置快速掌控、玩转网络畅游、Android手机的多媒体应用、丰富的生活娱乐应用以及好玩、好用的发烧游戏世界。此外，附录中还提供了Android系统的相关词语解释。

　　本书内容丰富，图文并茂，浅显易懂，按照用户的入手习惯，循序渐进地介绍了Android智能手机的刷机、基本操作、个性设置、应用安装及游戏安装等，结合部分应用程序，将Android手机的使用带入了用户生活的方方面面，使用户轻松玩转Android手机。最后一章专门列举了8个大类的80多款游戏，这些游戏都是Android游戏中的精品，丰富着用户的生活。

　　本书对Android初学者来说是入门手册，对Android系统操控达人来说是坚实的奠基石，真正能让每位读者都成为Android达人，实现Android智能手机的最大使用价值。

图书在版编目(CIP)数据

　Android手机玩家秘笈/张刚峰编著.—北京：清华大学出版社，2012.9
　ISBN 978-7-302-29173-2

　Ⅰ.①A… Ⅱ.①张… Ⅲ.①移动电话机—应用软件 Ⅳ.①TN929.53

　中国版本图书馆CIP数据核字(2012)第142881号

责任编辑：章忆文　郑期彤
封面设计：刘孝琼
责任校对：周剑云
责任印制：杨　艳

出版发行：清华大学出版社
　　网　　　址：http://www.tup.com.cn，http://www.wqbook.com
　　地　　　址：北京清华大学学研大厦A座　　　　　邮　　编：100084
　　社 总 机：010-62770175　　　　　　　　　　　　邮　　购：010-62786544
　　投稿与读者服务：010-62776969，c-service@tup.tsinghua.edu.cn
　　质 量 反 馈：010-62772015，zhiliang@tup.tsinghua.edu.cn
　　课 件 下 载：http://www.tup.com.cn，010-62791865
印 装 者：北京嘉实印刷有限公司
经　　销：全国新华书店
开　　本：190mm×260mm　　　　印　张：17.5　　　字　　数：419千字
版　　次：2012年9月第1版　　　　印　　次：2012年9月第1次印刷
印　　数：1～3000
定　　价：49.00元

产品编号：047415-01

相较于iOS智能系统拥有便捷、华丽的触控操作，Android凭借其开源、自由度高、手机种类繁多等优势迅速进入我们的生活。从Android 1.5到目前的Android 4.0，Android系统通过一次又一次的优化改进，使得整体的功能和UI的设定更加人性化，更适合用户使用。这使得它与Apple公司的iOS牢牢地占据了霸主地位。

本书根据Android用户的需要，将Android手机的基础操作及扩展功能进行了详细的讲解。主要内容包括Android手机背后的那点故事，Android手机基本功能使用，炫酷设定自由掌控，安全设置快速掌控，玩转网络畅游，Android手机的多媒体应用，丰富的生活娱乐应用和好玩、好用的发烧游戏世界，并一一举例说明，由浅入深地介绍了Android手机的各种操作技巧。即使您是第一次接触Android手机，也可以轻松上手。

本书是Android初学者的入门手册，也适合Android手机的爱好者和开发者阅读。对于Android平台手机各个阶段的玩家都能起到较好的帮助作用，让每个读者都能真正成为Android达人，并实现Android智能手机的最大使用价值。想玩转Android系统手机或平板电脑，变身为Android系统操控的达人，快来享受本书带给您的完美体验吧！

本书由张刚峰编著，同时参与本书编写的还有崔鹏、翟文龙、张彩霞、崔倩倩、崔东洋、张朋杰、王红启、石改军、石珍珍、张永飞、陈留栓、杨晶、尹金曼等同志，在此感谢所有创作人员对本书付出的艰辛。当然，在创作的过程中，由于时间仓促，作者水平所限，错误在所难免，希望广大读者批评指正。如果您在学习过程中发现问题，或有更好的建议，欢迎发邮件到wyh6776@sina.com与我们联系。

编　者

CONTENTS
目 录

027 第3章 炫酷设定自由掌控

051 第4章 安全设置快速掌控

071 第5章 玩转网络畅游

107 第6章　Android手机的多媒体应用

125 第7章　丰富的生活娱乐应用

263　附录　Android 系统名词解释汇总

第1章 Android背后的那点故事

　　人们常说："一个成功男人的背后，必定会有一个伟大的女人。"Android也是如此，因为其背后有Google这位母亲的支持，还拥有众多用户的支持，因此顺利地走到了今天，并且还会坚持走下去。

1.1 Android的家谱与进化

Android是基于Linux开放性内核的操作系统，是Google公司在2007年11月5日公布的手机操作系统。早期由原名为"Android"的公司开发，谷歌在2005年收购"Android.Inc"后，继续对Android系统开发运营。到目前为止，Android系统已经是主流手机系统之一，而且被越来越多的用户所钟爱。

自2008年开始，Android系统推出的各种版本已经形成了一条进化路线，细心的用户会发现Android系统各版本的名称是按照英文字母顺序排列的，并且每个版本的名字都是以甜点的名字命名的，这些甜点都是根据Google餐厅中员工们最喜欢的甜点名称命名的。

Android 1.5(Cupcake杯形蛋糕)	Android 1.6(Donut甜甜圈)
该版本添加的功能如下：	该版本添加的功能如下：
● 拍摄和回放视频，并支持上传到youtube。 ● 支持立体声蓝牙耳机，改进了自动配对能力。 ● 采用最新技术的WebKit浏览器支持复制、粘贴及搜索功能。 ● 提高了GPS性能，并加入了屏幕虚拟键盘。 ● 桌面加入了音乐播放器和相框，应用程序可随手机屏幕旋转。 ● 来电界面照片显示。 ● 照相机启动速度加快，照片可以直接上传到Picasa。 ● 内置程序UI大幅度优化。	● 完全重新设计的Android Market。 ● 支持手势操作。 ● 支持CDMA网络。 ● 文字转语音系统(TXT-2-speech)。 ● 加入快速搜寻框。 ● 全新的拍照界面。 ● 应用程序耗电量监视器。 ● 支持VPN。 ● 支持更高屏幕的分辨率。 ● 支持OpenCore2媒体引擎。 ● 新增面向视觉听觉有困难人群的易用性外挂程序。
Android 2.0/2.1(Eclair松饼)	Android 2.2(Froyo冻酸奶)
该版本添加的功能如下：	该版本添加的功能如下：
● 优化软件速度。 ● "Car Home"程序。 ● 支持更高的分辨率并重新修改UI。 ● 更新浏览器界面，支持HTML5。 ● 新修改的联系人名单。 ● 提高了黑白色的对比率。 ● 改进了Google Maps 3.1.2。 ● 支持Microsoft Exchange。 ● 内置照相机支持闪光灯及数位变焦。 ● 改进虚拟键盘。 ● 蓝牙2.1并可以进行蓝牙传输。	● 支持软件安装在存储卡中。 ● 支持整合Adobe Flash 10.1。 ● 加强了软件即时运算速度。 ● 新增软件启动快速切换到电话和浏览器。 ● USB分享和WiFi热点功能。 ● 支持浏览器传送文件。 ● 更新Market中的批量和自动更新功能。 ● 增加对Microsoft Exchange的支持。 ● 整合Chrome的V8 JavaScript引擎应用到浏览器。 ● 加强快速搜寻插件。

Android 2.3(Gingerbread姜饼)	Android 3.0(Honeycomb蜂巢)
该版本添加的功能如下： ● 优化了UI。 ● 支持更高的分辨率。 ● 重新设定了多点触控及屏幕键盘。 ● 原生支持多个镜头和多种感应器。 ● 通讯录整合Internet Call功能。 ● 强化电源、应用程序的管理。 ● 优化游戏开发支持。 ● 强化多媒体音效。 ● 开放了屏幕截图功能。	该版本添加的功能如下： ● 支持平板电脑使用。 ● Google eBooks上提供数万本书。 ● 支持平板电脑级别分辨率。 ● Google Talk视频通话功能。 ● 3D加速处理。 ● 新的短信通知功能。 ● 专为平板电脑设计的用户界面。
Android 4.0 **(Ice Cream Sandwich冰激凌三明治)**	
该版本添加的功能如下： ● 新锁屏界面。 ● 全新Widget排列。 ● 更直观的程序文件夹。 ● 人脸识别解锁。 ● 自带流量统计。 ● 基于NFC的信息分享——Android Beam。 ● 全新的拨号界面。 ● 多任务功能。 ● 桌面导入 Folder。 ● 支持 WiFi Direct 与蓝牙 HDP。 ● 加强了一些网络方面的功能。	

　　Android一词的本义指"机器人"，同时也是Google于2007年11月5日宣布的基于Linux平台的开源手机操作系统的名称，该平台由操作系统、中间件、用户界面和应用软件组成，号称是首个为移动终端打造的真正开放和完整的移动软件。

　　想要了解Android，就要将时间追溯至2005年。在那一年，Google公司从商业战略上进行了前所未有的突破，着手新的挑战——移动平台开发，在2005年成功并购了一家仅仅成立22个月的手机软件开发商Android。也就是说，最初的Android是一家手机软件开发商，随着Android被Google公司成功并购，当时电信产业马上掀起一波涟漪。随后Google又一连串并购手机交友网、Dodge ball，开通SMS搜寻功能，参与竞标700MHz通信频带使用权等部署。整个电信产业猜想Google要进军手机无线通信业，那么，Google会不会是想制作一部Android手机呢？

　　随着Google在2007年11月5日发表Android SDK软件开发组件后，一切都已明朗化了。Google与33家公司联手为Android移动平台系统的发展而组建了一个组织——OHA（开放手机联盟），依靠着Google的强大开发实力和媒体资源，Android迅速成为目前最流行的手机开发平台，也成了众多手机厂商竞相追逐的对象。然而，Google的Android并不是一部手机，而是以Linux为基础的手机开发平台，这也是Google为什么用Android作为这个手机操作系统名称的原因。

由于Android系统的开源特性，得到了众多厂商的支持，除了诺基亚和苹果之外，其他的手机大牌厂商悉数支持Android系统，厂商的努力开发使Android的界面非常丰富，可选择性很强，成了成熟的主流系统之一。

1.2 部分拥有Android系统的手机机型

伴随着Android系统的更新换代、不断拓新，Google相继与HTC、MOTO和索爱合作推出了众多的机型。

2008年9月22日，运营商德国T-Mobile公司在纽约正式发布第一款Android手机——T-Mobile G1。该款手机为台湾宏达电代工制造，是世界上第一部使用Android操作系统的手机，支持WCDMA／HSPA网络，理论下载速率7.2Mbps，并支持WiFi。

2009年9月初，摩托罗拉坐镇主场在旧金山举办的Giga OM 2009大会上，携手T-Mobile正式发布了旗下首款搭载Android操作系统的智能手机——MOTO CLIQ，在沉寂许久后的首次爆发吸引了全球无数用户的目光。如果说T-Mobile G1的出世开辟了Android领域先河的话，那么摩托罗拉CLIQ的发布则更多地被视为昔日手机霸主的强势回归。

2009年10月28日正式发布了Android 2.0智能手机操作系统。今天摩托罗拉和网络运营商Verizon共同宣布了首款采用Android 2.0的手机Droid。

2010年1月索尼爱立信首款Android机型X10上市。

2010年1月7日，Google在其美国总部正式向外界发布了旗下首款合作品牌手机Nexus One(HTC G5)，并同时开始对外发售。

2010年4月，采用了直板全触控的设计、圆润的机身、控制得当的三围、磨砂质地材质的HTC Desire进入市场。

2010年8月，Android的"明"——摩托罗拉MT810发售，采用了透明翻盖造型设计，外形时尚大气。

2010年年末，搭载了最新版本为2.3版的Android系统的三星Nexus S上市。

2011年3月17日，搭载最新代号为Gingerbread的Android 2.3操作系统的Nexus S 三星i9020发售。

……

随着Android系统的更新换代、不断拓新，越来越多的手机将拥有Android系统。

1.3 Android手机的入手常识

手机是现代人必不可少的生活用品之一。但是，在购买手机的时候，有些卖家会不老实，所以为了不至于上当受骗，还是应该掌握一些必要的手机入手常识。

1.3.1 行货和水货

很多人在听到"水货"这个词时会产生反感，总觉得水货的商品质量没有保障，而对行货情有独钟，那么水货和行货到底有什么区别呢？

	行货手机	水货手机
相同点	由手机发行商委托代工工厂制作，有统一的模具配件，原厂正品保证，在功能和使用性上相同	
不同点	在本国内有正式的经销商，正规的进货渠道，统一产地，包装完好，享受全国联保，价格相对较高	非正规进货渠道，散装进入市场，包装已拆封，多种产地，外形略有瑕疵

通过表格可以看出，其实水货就是在别国销售的行货，只不过由特殊的渠道进入国内市场，所以没有正规的保修服务，同时由于是在国外销售的原因，机身上可能会出现

国外通信公司的标志，手机内部预装软件会出国外常用的应用程序，这也属于常见现象。总之行货与水货只是在保修方面有差别。

1.3.2 水货版本解析

在购买水货手机时经常会听到诸如"港版"、"美版"、"欧版"、"亚太版"之类，这些版本间有什么区别呢？到底哪个版本更好呢？

原装的欧版和美版手机没有中文系统，都是重新刷入港版或亚太版的系统后变为中文的，手机自身的质量相对较好。但是手机的键盘上没有中文笔画刻印。

部分手机机身上印有国外通信商标识的多为14天机。所谓14天机是已经被别人试用过的手机，并不是全新机。14天机中的"14天"指的是欧洲国家购买手机有14天试用期。在这14天的试用期内用户由于各种原因不满意而换货的手机就是14天机，简而言之就是经过了一个为期14天（或者更短）的试用期以后没有"转正"的手机，价格最便宜但是问题相对较多。

亚太版是在东南亚地区销售的版本。系统内置中文，但手机自身质量欠佳，价格相对便宜，部分手机键盘上依然没有中文笔画刻印。

港版是水货中比较高级的版本，在香港销售，享受香港的保修，系统内置中文，键

盘上有中文笔画刻印，价格相对较高。

在认识了版本后怎样分辨手中的手机是什么版本的呢？这里针对HTC系列的手机进行说明。

① 在手机的外包装背面贴有手机的条形码，这是手机的身份证。

② IMEI码也叫手机的串码，它与每台手机一一对应，而且该码是全世界唯一的。每一部手机在组装完成后都将被赋予全球唯一的一组号码，这个号码从生产到交付使用都将被制造生产的厂商所记录。

③ 在手机拨号界面中输入"＊＃06＃"，此时手机将会显示出本机的串码。

④ 在HTC的串码查询网站上可以输入手机上查到的串码。

⑤ 在查询的结果中会列出手机的相关信息，包括型号、IMEI码、SN码、出厂时间及销售地。

手机型号	HTC Wildfire S (手机参数介绍)
IMEI码	358225047417895
SN码	SH15WTR07502
出厂时间	2011年5月28日
销售地	新加坡

⑥ SN码标注了手机的相关属性S/N：SS Y WW PP ZZZZZ。SS代表产地代码，HT、CH比较常见，SZ表示深圳、SH表示上海、HT表示新竹、CH表示武汉；Y代表生产年份的最后一个数字；WW代表生产周；PP代表产品代码；ZZZZZ代表序号。

手机型号	HTC Wildfire S (手机参数介绍)
IMEI码	358225047417895
SN码	SH15WTR07502
出厂时间	2011年5月28日
销售地	新加坡

⑦ 销售地决定了机器是什么版的，新加坡销售的为亚太版，欧洲地区发售的为欧版，香港地区发售的为港版。

手机型号	HTC Wildfire S (手机参数介绍)
IMEI码	358225047417895
SN码	SH15WTR07502
出厂时间	2011年5月28日
销售地	新加坡 ⑦

1.3.3 拒绝翻新机

在购买水货手机的时候要理性消费，谨防买到翻新机。与水货手机不同的是，翻新机是出现了质量问题或者手机进水损坏后由销售商低价回收自行修理的手机。这类手机的部分配件有进水现象，手机壳均为山寨厂商生产，外表没有明显差别，但实际上手机的品质是不能保证的。

① 首先可以验证手机内部输入"*#06#"后出现的IMEI码和手机电池仓中的IMEI码是否相同。

② 在手机背面的其中一个螺钉位置会贴有已破损的VOID标志，查看该标志是否完整。

③ 查看数据线或耳机接口内是否进灰或有毛絮物，检查接口金属部分是否磨损过于严重。

此外可以嗅闻手机电池仓内是否有发霉的气味，如有则证明手机部件进过水，正常的气味应该是檀香味，若是翻新机会有橡皮味，塑料味或是化学喷雾味。此外一定要自带SIM卡，检测通话质量，最好拨打给固定电话，问对方是否有杂声、电流声、音量大小骤降现象。总之分辨水货

还是翻新机主要靠买家仔细认真地观察，不要轻信商家的解释和介绍，这样才能买到适合自己的手机。

1.4 Android刷机

厂商对手机通常会有一定的权限限制，其中部分限制会影响到部分用户的使用，而有的用户则可能希望换个操作系统或者是系统语言等，这些都可以通过简单的刷机实现。

1.4.1 刷机的好处

刷机是手机方面的专业术语，指利用某种方法更改替换手机固有的语言、界面、图片、铃声以及操作系统。可以解除生产商对手机的部分限制，由用户来自由操控。

由于Android系统版本众多，旧版本的手机在硬件允许的前提下可以利用刷机来提升手机的版本。

刷机在改变系统版本的同时也可以改变系统的文字字库，前面提及的欧版水货手机都是通过刷中文系统之后进入中国市场开始销售的。

1.4.2 刷机前必须做的准备

刷机是存在着一定风险的，使用ROM刷机的时候，有可能挑选了有错误的ROM或者是在刷机时操作错误，导致手机变成了"砖头"，造成不必要的损失，所以在刷机前一定要做好准备。

刷机所带来的直接损失就是用户手机中的数据被清除，重要的联系人、日程及信息会随着旧版本一起清除，所以要备份好个人数据。

❶ 手机资料备份最常用的工具是电脑端的91手机助手。将手机连接到PC，在"系统维护"选项卡中选择"备份/还原"选项。

❷ 进入备份界面，选中需要备份到电脑的信息。下方可以选择备份文件的存储位置。右侧可以为备份文件加密，保护用户隐私。

❸　在刷机后将手机连接至PC，在"还原"界面中选择需要还原的备份资料进行还原。

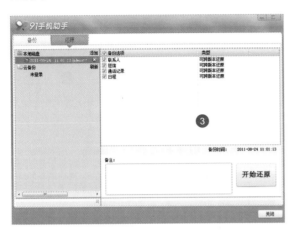

❹　另外还有一种利用手机自身联网备份通讯录的方法。进入"360手机卫士"应用，选择"防盗备份"功能。

❺　进入"防盗备份"界面，进行账号注册，之后可以选择"开始备份"选项。

❻　进入备份选择界面，软件提供了通讯录、手机短信、隐私空间、手机卫士设置这四项备份功能，虽然不能很全面地备份其他信息，但是可以作为应急之用。

除了资料的备份外，刷机前还要做好硬件方面的准备，营造一个相对稳定的刷机过程也是刷机成功的关键。

❶ 数据线方面要注意，最好使用原装的数据线，如果原装数据线损坏，则购买的低价数据线最好带有磁环，这样可以有效地避免来自电脑机箱内的干扰。

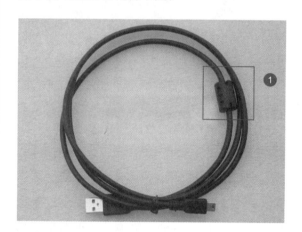

❷ 选择原机配置的电池或者原厂的正品电池，这样可以保证电流稳定。在刷机前一定要为电池充满电，刷机对手机来说是个非常耗电的工作。为了保证刷机不会因断电而失败，请先把电池充满。

❸ 要仔细阅读自制刷机包的刷机步骤以及刷机注意事项，这样才能减少误操作。

====
首先先下载附件Mtd.RAR

📦 Mtd.rar (691.47 KB)
解压后获得3个文件boot.zip recovery .zip 和mtdpartmap
请将这3个文件和 要刷的rom全部复制到tf卡根目录~
然后重启到Cm recovery V3.0.0.5以上
首先先双wipe 然后
wipe data/factory reset
wipe cache partition
然后进入mounts and storage
format boot
format system
format data
format cache
之后进入 install zip from sdcard
选择刷写recovery.zip
然后在进入mounts and storage
format boot
format system
format data
format cache
然后进入Advanced
选择Reboot Recovery重启Recovery
然后进入install zip from sdcard
选择刷写你要刷的Rom
刷写完成后
连着刷boot.zip
最后选择reboot system now重启
至此Mtd方式刷写完毕~

❸

提示　一般用户自己刷机后就不保修了，所以没有特别需求最好不要刷机。

1.4.3 ROM刷机

刷机主要有刷Recovery、刷Radio、刷ROM三个步骤。

1．刷Recovery

（1）首先下载adb(Android Debug Bridge)、flash_image、Recovery，没有Root Explorer管理器的也要下载。

提示　这里使用的flash_image是文件，不是文件夹。

（2）将解压出来的flash_image文件放到SD卡，然后利用RE管理器复制到手机\system\bin目录下。

（3）将recovery.img文件（把解压的文件名称改成recovery.img，避免后面输入指令找不到文件）复制到SD卡根目录。

（4）将手机与电脑用数据线同步为HTC Sync模式。

（5）下载 adb.zip，并解压得到adb.exe和AdbWinApi.dll。

（6）将adb.exe和AdbWinApi.dll放到C:\Windows\System32目录下（C是Windows系统盘符）。

（7）选择"开始"→"运行"命令，输入cmd，单击"确定"按钮。

（8）输入adb shell并按Enter键。

（9）接着输入flash_image␣recovery␣\sdcard\recovery.img（␣表示空格），按Enter键，若出现#表明成功。

（10）出现一行flash_image␣recovery␣\sdcard\recovery.img（关闭指令窗口，拔出数据线和手机）。至此，刷Recovery结束。

2．刷Radio

（1）下载Radio包，并将下载的Radio包重命名为update.zip，然后复制到SD卡根目录。

（2）将手机关机，按住音量向下键和开机键不放，直到屏幕出现三色屏画面，选择Recovery，按开机键确认。

（3）进入Recovery模式，用轨迹球滑动并

选择Flash zip from sdcard，然后选择update.zip即可。

> **提示** 由于手机型号及软件版本的差异性，其他版本的Recovery可能是Flash update image。

（4）完成后（返回）选择Reboot system now，重启后即可完成新版Radio的升级。

3．刷ROM

在开始操作ROM刷机前，首先进行一次全面的WIPE（清除），包括wipe dalvik-cache（清除缓存数据+ext 分区内数据）、wipe DATA\factory reset（清除内存数据和缓存数据）、wipe battery（清除电池数据，若电池没问题就不用wipe）、wipe rotation（清除传感器内设置的数据）。

> **提示** 由于Android手机有不同的型号，所以刷机前一定要确定ROM对应其所要求的Radio版本。

（1）下载ROM包，将ROM包重命名为update.zip，把SD卡里面原有的Radio包删掉或移除，避免名称相同，然后复制到SD卡根目录。

（2）将手机关机，同时按住音量向下键和开机键不放，当手机屏幕出现三色屏画面时选择Recovery，按开机键确认。

（3）在Recovery模式下，将轨迹球滑

动并选择Flash zip from sdcard（其他版本的 Recovery也许是Flash update image），然后选择update.zip，确认即可。

（4）完成后（返回）轻点Reboot system now，重启后即可完成新版Rom的升级。至此刷机成功。

1.5 Android工程模式

每一个程序都有自己的"秘密"，Android系统也不例外，通过特殊的方式进入工程模式，里面有详细的系统信息，可以对电池和CPU进行测试，设置Android系统特意为高端手机玩家保留的"秘密"。

1.5.1 进入工程模式的方法

轻点桌面中的"电话"图标❶，进入拨打电话界面。

进入电话界面❷，输入*#*#4636#*#*这串字符。

输入号码之后会直接进入"测试"界面❸，这里就是所谓的工程模式。

1.5.2 工程模式菜单信息

选择"手机信息"选项，进入"手机信息"界面❶，在界面中可以看到非常丰富的信息，包括手机的IMEI码、手机号码、当前网络等。

　　选择"电池信息"选项，进入"电池信息"界面❷，其中显示了电池的电量、电压、温度以及电池类型和开机时间。

　　选择"使用情况统计"选项，进入相应界面❸后，可以看到使用过的程序以及使用的次数和时间。这就是Android系统的工程模式信息。

第2章 Android手机基本功能使用

接打电话、发送彩信短信及保存通话记录是每款手机的基本功能。作为智能机，Android手机对这些基本功能拥有着自己的操作方式。

2.1 拨打与接听电话

Android手机的拨打与接听通话界面十分简便，拨号和查找功能自成一体。通话界面十分简洁、一目了然。

轻点桌面中的"电话"图标❶，进入拨打电话界面。

进入电话界面❷，上方显示的为最近的通话记录，中间显示的为拨号键盘，下方显示的由左至右依次为隐藏/显示键盘按钮、"呼叫"按钮、键盘/手写切换按钮。

利用键盘输入要拨打的电话号码，可以快速搜索到手机内的电话❸，也可以直接输入陌生号码拨打。

使用拼音时，输入相应的数字❹，系统将自动查找并列出相应拼音的备选电话。

轻点电话名称部分或"呼叫"按钮，进入通话界面❺，界面中下方为静音和扬声器按钮，最下方由左至右显示的是"开启键盘"按钮、"结束通话"按钮、"通话信息"按钮。

当有电话打入时自动进入来电界面❻，在此界面中显示了来电人的姓名及电话，轻点"接听"按钮即可进行通话。

接听电话的界面与拨打电话的界面相同，操作按键及方式也相同。

2.2 添加与管理联系人

手机的通讯录比纸质的通讯录方便很多，无论是查找联系人还是添加联系人，都非常快速简便，而且手机中还提供了非常丰富的可添加信息，可谓是理想的通讯录。

2.2.1 添加联系人的方法

轻点桌面中的"电话"图标❶，进入拨打电话界面。

进入"电话"界面❷，输入要保存的电话号码，在上方有"保存到联系人"按钮。

轻点"保存到联系人"按钮，会弹出"保存到联系人"界面❸，选择"创建新联系人"选项可新建联系人，选择"保存至现有联系人"选项可将电话保存到已创建的联系人信息内。

进入建立联系人界面❹，在"名称"文本框中输入保存电话的名称，在"联系人类型"下拉列表框中可以选择保存在SIM卡还是手机内，电话号码为刚才输入的电话号码。

在"联系人类型"下拉列表框中选择"电话"选项，进入电话保存联系人界面❺，界面中提供了非常多的信息种类可供保存，如电子邮件、联系人图片、群组、通信地址等。

轻点界面左上方的相机图标，进入

"选择照片"界面⑥，这里可以选择相册中已有的图片，也可以启动照相机即时拍摄。完成了联系人的编辑后轻点下方的"保存"按钮，保存联系人。

2.2.2 管理联系人的方法

轻点桌面上的菜单按钮，进入"全部应用程序"界面。

轻点"联系人"按钮❶即可进入联系人菜单❷。该菜单的下方为查看方式，依次是"全部"、"群组"、"通话记录"。

轻点任意联系人左侧的头像可弹出对话框❸，有"通话"、"查看"或"信息"供用户选择。

轻点"查看"图标可进入联系人的详细信息查看界面❹，用户可以在该界面进行更详细的设置。

选择"铃声"选项可以进入铃声设置界面❺，用户选择了需要的铃声后轻点"确定"按钮即可。

选择"阻止呼叫者"选项可弹出提示窗口⑥，提示用户是否启用阻止呼叫者的功能。如果已开启了阻止呼叫者的功能，这里会显示为"是否确定禁用"。

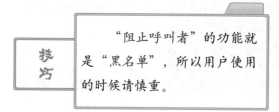

技巧　　"阻止呼叫者"的功能就是"黑名单"，所以用户使用的时候请慎重。

选择"编辑"选项可进入详细编辑界面⑦，用户可以重定义联系人的姓名、号码、邮箱等信息。轻点"保存"按钮即可。

选择"设置默认操作"选项可打开"选择默认操作"界面⑧，用户可以设置对联系人的默认操作。

2.2.3　删除联系人的方法

　　　　轻点桌面上的菜单按钮，进入"全部应用程序"界面，轻点"联系人"按钮❶。

在联系人界面❷选择需要删除的联系人后就会弹出一个对话框。

在弹出的对话框中可以找到"删除联系人"❸。

也可以在联系人界面轻点手机上的菜单键，在弹出的详细菜单中可以找到"删除"按钮❹。

轻点详细菜单的"删除"按钮❹，可以进入删除

界面❺。

　　用户可以通过轻点需要删除的联系人右侧的按钮❻进行选择。

　　轻点"删除联系人"❸或"删除(2)"按钮❼会弹出确认对话框❽，轻点"确定"按钮即可删除联系人。

2.3　通话记录

　　通话记录是一项十分强大的功能，用户可以在记录中了解到自己的使用记录，也可以找到忘记存储的电话号码，还可以找到自己所错过的未接电话。

2.3.1　查看和删除通话记录

　　轻点桌面上的菜单按钮，进入"全部应用程序"界面，轻点"通话记录"按钮❶。

　　进入"通话记录"界面❷，绿色箭头显示的为播出的通话记录，红色箭头为呼入但未接听电话。

　　轻点通话记录右侧的"详细记录"图标，进入详细记录界面❸，界面中列出对该号码的所有通话记录，还包括了拨打时间和通话持续时间。

　　选择需要查看的通话记录后会自动弹出详细操作对话框❹，从中选择"拨号前编辑号码"选项可以在要拨打的号码前添加IP号码；选择"发送短信"选项可以直接给对方发送短信；选

择"从通话记录中删除"选项则可以删除该条通话记录。

2.3.2　来电防火墙设置

　　　　　　轻点桌面上的菜单按钮，进入"全部应用程序"界面，轻点"通话记录"按钮❶。

　　　　　　打开"通话记录"界面❷。

　　轻点手机上的菜单键，在弹出的详细菜单中可以找到"来电防火墙"按钮❸。

　　轻点"来电防火墙"按钮可进入"来电防火墙"界面❹。

　　轻点"添加黑名单联系人"按钮会弹出对话框❺供用户选择添加的方式。

　　选择"从联系人中选择"选项可打开添加界面，用户可以通过联系人右侧的按钮❻来进行选择，轻点"保存"按钮即可。

选择"添加号码"选项会弹出"添加号码"对话框❼，用户在对话框中输入需要添加的号码，轻点"确定"按钮即可。

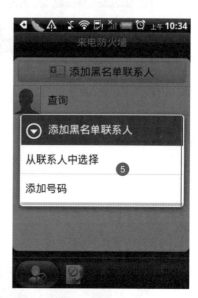

2.4　信息功能

作为基本通信方式的信息功能，是任何一款手机都不可缺少的基本功能。相比电话功能，信息功能有着自己的优势，在有些情况下，信息功能会比电话更省钱，又如用户正在开会，这样的情况下信息的好处更是体现了出来。

2.4.1　编写及发送短信

Android手机系统的短信发送方式很新颖，由于全触屏的设计，发送短信的按钮被设计到了信息编写的位置，一目了然，人性化无处不在。

轻点桌面上的菜单按钮，进入"全部应用程序"界面，轻点"信息"按钮❶。

进入信息界面，可以看到界面中显示了所有已收到的信息，轻点上方的"新建信息"按钮❷，进入新建信息界面。

进入编辑短信界面❸，在收件人位置可以输入收件人的电话或者姓名，在"添加文本"文本框中输入短信的正文即可。

轻点"收件人"右侧的联系人按钮，进入选择联系人界面❹，使用上方的"搜索

联系人"文本框可以快速搜索到需要添加的联系人，也可以在下方的联系人列表中进行选择。

在联系人列表❺中可以对联系人进行多选操作，这样可以实现短信群发操作。

选择要群发的联系人后轻点"完成"按钮，回到编辑信息界面。此时可以看到"收件人"文本框❻中列出了群发对象的名称，并以分号隔开。

再次轻点"收件人"文本框，会弹出所有群发联系人，轻点任意联系人会弹出联系人编辑菜单❼。在菜单中可以直接进行呼叫、打开联系人、编辑、删除等操作。

在短信列表中选择需要回复的短信❽进行查看。

进入短信界面后可以看到详细的信息内容❾，在下方的"添加文本"文本框中输入回复的信息后，轻点"发送"按钮即可进行信息的发送。

2.4.2　编写及发送彩信

彩信是短信的升级版本，最初的短信只可以发送文字和简单的符号图形，而彩信可以发送图片、声音甚至简短的视频，但是需要网络和对方手机的支持。

轻点桌面上的菜单按钮，进入"全部应用程序"界面，轻点"信息"按钮①。

在短信界面中轻点"新建信息"按钮②，进入编辑信息界面。

在短信编辑界面，按菜单键▤，在弹出的功能菜单中轻点"附加"图标③。

轻点"附加"图标后会弹出"附加"对话框④，里面提供了非常丰富的可添加内容，除了图片，音频，视频外，还可以添加应用程序推荐、位置、联系人、约会等常用信息。

选择"图片"选项，进入"添加附件"菜单⑤。其中，选择"相机"选项，可以利用相机即时拍照；选择"相册"选项，可以从手机相册中调用，方便用户添加。

选择"相机"选项，进入拍照模式⑥，拍摄完成后会进入照片预览界面，在这个界面下方可以轻点"完成"按钮或重新拍摄按钮▣。

拍照模式与手机内置照相机的使用方法相同。只是在右下侧会有"重新拍摄"按钮 📷。

轻点"完成"按钮，系统将回到编辑信息界面，在此期间系统会自行将图片进行压缩❼。

"添加文本"文本框的右下方的回形针图标 📎 也可以用来添加彩信附件。

轻点所添加图片右下角的 ◨ 图标，在弹出的"操作"菜单❾中可以对附件进行替换、移除、查看、设置持续时间。完成后轻点"发送"按钮即可。

由于短信的传输文件大小有限，所以系统要自行压缩附件。

压缩完成后可以在"添加文本"文本框内看到图片的预览模式❽。

第3章 炫酷设定自由掌控

一幅自己喜欢的壁纸、一款自己喜爱的皮肤、一段自己钟情的铃声，这些都可以通过对手机的设置来实现，用户还可以设置自己喜欢的闹钟和通知音。

3.1 个性化设置

每个人都喜欢穿自己喜欢的衣服、化妆成自己喜欢的样子，那么在手机的使用上也一样，每个人都想在自己的手机上表现出自己的个性，打造自己喜欢的手机个性化设置，换个自己喜欢的场景，或者用自己那漂漂亮亮的照片做手机壁纸。

3.1.1 切换场景

Android场景的切换十分简便，各种类型的场景可以让用户灵活地应付各种环境。

轻点桌面上的菜单按钮，进入"全部应用程序"界面，轻点"设置"按钮❶。

在"设置"界面中选择"个性化设置"选项❷。

也可以按手机上的菜单键≡，在弹出的菜单中直接选择"个性化设置"选项❸。

> **提示**
>
> "个性化设置"可能根据手机品牌的不同会有不同的快捷进入方式。但不论哪种型号，在"设置"界面都可以找到它。

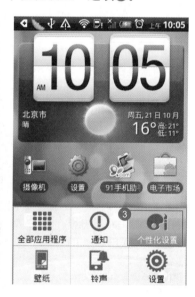

> **提示**
>
> 部分型号的手机会在桌面上提供"个性化"的快捷按钮，方便用户进行设置。

在选择"个性化设置"选项后会弹出"场景"界面，其中提供了系统内置的五种常用场景 ❹，轻点需要的场景，再轻点"应用"按钮，系统会自动为用户更换。如果想使用其他场景，可以轻点"查看更多"按钮以获取场景。

3.1.2　更换壁纸

好看的壁纸可以美化自己的桌面，同时也美化了心情，作为随身携带的手机，用户在使用时都会希望桌面能赏心悦目，那么如何设置精美的桌面壁纸？现在就来动手操作吧！

轻点桌面上的菜单按钮▦，进入"全部应用程序"界面，轻点"设置"按钮 ❶。

在"设置"界面中选择"个性化设置"选项 ❷。

选择"壁纸"选项后会弹出"选择壁纸来源"菜单，其中提供了系统内置的动态和静态两种类型壁纸，以及用户自己添加到相册中的壁纸。

选择"HTC壁纸"选项❸可在其中看到系统内置的壁纸❹，轻点任意一张即可应用到桌面上。

按手机上的菜单键▤，在弹出的菜单中可以选择查看方式。

提示

在"选择壁纸来源"菜单中选择"动态壁纸"选项❺，这时进入"动态壁纸"界面❻。

在"动态壁纸"界面❻中，系统提供了多种动态的壁纸，轻点壁纸即可应用。

有些用户喜欢自己DIY的壁纸，那么就需要用到"相册"选项了。

选择"相册"选项❼即可进入"选择相册"界面❽，系统为用户列出了手机内包括相册以及用户添加或拍摄的所有图片。

选择图片所在的项目，进入"选择单个项目"提示的界面，选取单个图片后就会进入照片截取界面 9 。

这里轻点绿色框中间部分可以移动截取区域的位置，轻点绿色边框会出现向四周放大的提示，这时执行拖动操作可以选择截取的范围，轻点"保存"按钮后系统将自动裁剪图片，使图片符合屏幕要求，这样就可以随心所欲地将自己喜欢的图片设置为壁纸了。

3.1.3　更改皮肤

每个人都有自己的装扮，手机也一样。如果感觉 Android 的皮肤不是很吸引人，可以换掉目前 Android 的默认皮肤，方法就像人换件衣服一样简单。当你厌倦了旧的生活方式或者习惯时，换一种皮肤，换一种心情，你会发现新的生活是如此美好。

轻点桌面上的菜单按钮，进入"全部应用程序"界面，轻点"设置"按钮 1 。

在"设置"界面中选择"个性化设置"选项 2 。

在个性化显示的第三项就是皮肤了，Android 的皮肤功能同样强大，选择"皮肤"选项 3 即可进入"皮肤"界面 4

。

　　在皮肤界面所展示的就是Android提供的几款内置皮肤，选择想要的皮肤，轻点"应用"按钮即可更换。

　　也许Android内置的皮肤没有你喜欢的，不用急，只要轻轻单击"查看更多"按钮❺就可以了，Android提供了更多的皮肤任你挑选。

3.1.4　添加插件

　　小插件是Android手机比较重要的一环，它极大地丰富了Android手机的应用功能，让用户的手机变得多姿多彩。

　　轻点桌面上的菜单按钮▦，进入"全部应用程序"界面，轻点"设置"按钮❶。

　　在"设置"界面中选择"个性化设置"选项❷。进入"个性化设置"界面后，找到"小插件"❸。这个"小插件"应用是管理Android手机内部插件的地方，可以很轻松地把各种插件摆放到桌面上。

　　"添加小插件"界面以列表的形式把手机内部的插件依次排在这里供用户操作，现在就以"天气"插件为例，说一下添加插件的方法。

　　轻点"天气"插件❹后会进入"天气"界面，这是插件的预览界面，这里可以选择插件的显示样式。在最下边有"选择"和"详情"两个按钮❺。

轻点"详情"按钮可以查看插件的版本及大小、发布日期等情况⑥。

轻点"选择"按钮后，就会进入插件位置设置界面⑦。

在插件位置设置界面⑦中，按住"天气"插件后会有绿色边框⑧出现，这个绿色的边框表示此处可以放置插件。

但是有的时候你会发现插件变成红色⑨，这表示此处不可以放置插件，如果你不想要这款插件，则可以将它拖动到"删除"按钮上面进行删除，当把插件拖动到"删除"按钮上时插件也会变红。

3.1.5　添加应用图标

应用程序丰富了手机功能，如常用的"飞信"、"互联网"、"计算器"、"手机QQ"等都属于应用程序，想知道如何快速地在桌面上找到它们吗？那就往下看吧！

轻点桌面上的菜单按钮，进入"全部应用程序"界面，轻点"设置"按钮❶。

在"设置"界面中选择"个性化设置"选项❷。

在打开的"个性化设置"界面中选择"应用程序"选项❸。

选择"应用程序"选项之后就会进入"添加应用程序快捷方式"界面，这里列出了手机内部所有的应用程序。下面就以"地图"④为例，讲解一下如何把应用程序添加到桌面。方法特别简单，这是Android手机的特色。

首先轻点"地图"程序，如果底色变为绿色⑤，则表示被选中。

然后界面就会跳转到桌面，这时桌面上就出现了地图的图标⑥，表示快捷方式添加成功了。是不是很简单！

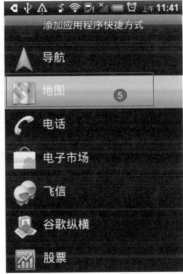

3.1.6 添加快捷方式

手机有一部分功能是无法在桌面上找到的，那么如何在桌面上显示以便于快捷打开呢？往下看。

轻点桌面上的菜单按钮，进入"全部应用程序"界面，轻点"设置"按钮①。

在"设置"界面中选择"个性化设置"选项②。

在"个性化设置"界面中找到"快捷方式"选项③。

进入到"添加快捷方式"界面④后只要轻点需要的程序，就可以把它添加到桌面了。

3.1.7 声音设置

Android手机的"声音设置"是通过直接选择声音预设来更改铃声的，这缩短了用户更换铃声的时间，为用户节省了不少时间，以便用户做其他事。如何设置，现在就来介绍。

轻点桌面上的菜单按钮，进入"全部应用程序"界面，轻点"设置"按钮。

在"设置"界面中选择"个性化设置"选项。

在"个性化设置"界面中，将界面向上拖动，在下方找到"声音设置"选项①。

选择"声音设置"选项就会进入"音效集"界面，这个界面有3个选项："新音效集②"、"获取更多"和"HTC Default 2010"③。其中"获取更多"是指从Android手机官方的库里面下载。

选择"新音效集"选项②会进入到
新音效集创建界面④。在这个界面中可
以设置新音效集的名称,"新音效集"②
的功能是将手机当前的铃声配置整合成一
个音效集,可以快速储存当前的铃声设置。

选择HTC Default 2010选项③所进入
的界面⑤是HTC Default 2010 音效集的预
览界面,该界面可以预览当前音效集的
音效设置,轻点"应用"按钮即可应用
该音效集。

3.1.8 铃声设置

Android手机铃声的设置采用了传统的设置方法,避免了新用户的不熟悉,使用户可以快速更换铃声。方法如下。

轻点桌面上的菜单按钮,进入"全部应用程序"界面,轻点"设置"按钮①。

在"设置"界面中选择"个性化设置"选项②。

在"个性化设置"界面中,将界面向上拖动,在下方找到"铃声"选项③。

选择"铃声"选项进入"铃声"界面④,在这个界面中就可以进行铃声的
设置。其中"新铃声"是从存储卡添加用户自定义的铃声,"获取更多"是从
Android手机官方铃声库里面下载。再往下就是Android手机内置的铃声⑤,用户轻点铃声可以
进行预览,轻点"应用"按钮即可应用该铃声。

3.1.9 通知音设置

通知音是指用户接收邮件、信息以及系统的提示或警告音等。用户可以通过更改通知音来使自己达到听声辨事的境界，让自己的通知音也个性起来。

轻点桌面上的菜单按钮，进入"全部应用程序"界面，轻点"设置"按钮❶。

在"设置"界面中选择"个性化设置"选项❷。

在"个性化设置"界面中，将界面向上拖动，在下方找到"通知音"选项❸。

进入"通知音"界面❹，Android手机的通知音包含了"默认通知音"、"信息"、"日历"、"电子邮件"4个选项。

选择"默认通知音"选项即可进入默认通知音界面❺，其中"获取更多"是指从Android手机官方的库里面下载。下边放的则是Android手机内置的铃声。

选择"信息"选项后进入信息通知音设置面板，这个界面中的各种设置与"默认通知音"的设置并无区别，仅仅多了一项"默认通知音"选项❻，这个

"默认通知音"是指前面设置的"默认通知音",选择这个"默认通知音"选项⑥就是指使用刚刚设置的"默认通知音"为铃声。由于"日历"、"电子邮件"的设置与"信息"的设置相同,这里就不再介绍了。

3.1.10 闹钟铃声设置

在快节奏的现代社会,时间显得尤为重要,为了能准时地进行工作等活动,人们都喜欢设置闹铃。在这方面,Android手机也不甘于人后,Android手机为用户提供了庞大的铃声库供用户选择,那么如何在Android手机上调整闹钟的铃声呢?接下来就会介绍。

轻点桌面上的菜单按钮,进入"全部应用程序"界面,轻点"设置"按钮①。

在"设置"界面中选择"个性化设置"选项②。

在"个性化设置"界面中,将界面向上拖动,在下方找到"闹钟"选项③。

选择"闹钟"选项就会打开设置界面④。看,这个设置界面是不是很简单!"新闹钟"就是用户添加自定义的铃声;"获取更多"是从Android手机官方的库中下载;下边的就是Android手机内置的铃声了。轻点铃声可以进行预览,轻点"应用"按钮就可以使用该铃声了。

3.2 日期与时间设置

日期与时间是手机不可或缺的功能,随着手机的逐步智能化,逐渐涉足于个人助理功能,一系列的日程管理、日程安排功能也随之产生,而这一切都基于日期和时间的正确设置。

3.2.1　日期设置

轻点桌面上的菜单按钮，进入"全部应用程序"界面，轻点"设置"按钮❶。

在"设置"界面中找到"日期和时间"选项❷。

选择"日期和时间"选项会进入"日期与时间"设置界面❸。

轻点"设置日期"选项会弹出日期设置对话框❹，用户设置好日期之后轻点"确定"按钮即可。

选择"选择日期格式"选项即可进入日期格式选择对话框❺，用户可以通过轻点来选择需要使用的日期格式。

3.2.2　时间设置

轻点桌面上的菜单按钮，进入"全部应用程序"界面，轻点"设置"按钮❶。

在"设置"界面中找到"日期和时间"选项❷。

选择"日期和时间"选项可进入"日期与时间"设置界面❸，其中的"自动"是使用网络提供的值来设置日期和时间。用户可以通过轻点右侧的按钮来决定是否开启"使用24小时格式"❹。

选择"设置时间"选项会弹出时间设置对话框❺，用户设置好时间之后轻点"确定"按钮即可。

选择"选择时区"选项可以进入时区设置界面❻，用户可以在这里选择需要的时区。

3.3　声音设置

　　响铃、按键音等都是由手机自身的声音功能所支持的，每个人都有自己的声音习惯，接下来就可以了解到声音的设置了。

3.3.1　切换声音情景模式

　　声音情景模式是为了方便用户切换声音通知的方式而开发的功能，极大地节省了用户更换声音通知方式的时间。

　　轻点桌面上的菜单按钮，进入"全部应用程序"界面，轻点"设置"按钮❶。

　　在"设置"界面中选择"声音"选项❷。

　　在"声音设置"界面中找到"声音情景模式"选项❸。

　　选择"声音情景模式"选项可以打开"选择情景模式"对话框❹，有3种模式供用户选

择："普通"模式是指声音以响铃的方式通知用户；"振动"模式是指声音以振动的方式通知用户；"静音"模式是指既不响铃，也不振动，一般用于开会时设置。用户只需要轻点右侧的单选按钮即可应用该模式。

3.3.2 音量调节和振动开关

如果手机铃声太小，想调大一点怎么办？如果手机铃声太吵，想换成其他通知方法怎么办？往下看。

轻点桌面上的菜单按钮，进入"全部应用程序"界面，轻点"设置"按钮①。

在"设置"界面选择"声音"选项②。

在"声音设置"界面找到"音量"选项③。

选择"音量"选项后会打开音量设置对话框④。首先是铃声的音量，这个铃声是指手机来电、短信等的铃声；其次是媒体的音量，这是指诸如电影、歌曲的音量；接着是闹铃的音量；最后是通知音的音量，用户也可以直接开启"使用来电音量作为通知音量"。设置好音量之后，轻点"确定"按钮即可。

在音量的下边就是"振动"⑤的开关了，在右侧有个按钮，关闭振动时是灰色的，如果用户想开启振动，只需要在按钮上轻点，等按钮变成绿色就表示打开了振动。

3.3.3　手机铃声设置

轻点桌面上的菜单按钮，进入"全部应用程序"界面，轻点"设置"按钮❶。

在"设置"界面中选择"声音"选项❷。

在"声音设置"界面中找到"手机铃声"选项❸。

"铃声"❹界面中有三大板块："新铃声"、"获取更多"以及手机内置的铃声。轻点"获取更多"可以在Android手机官方提供的库里下载。

轻点"新铃声"可以打开"选择音乐曲目"❺对话框，该对话框所列出的音乐是用户添加到手机内的音乐，用户只需要轻点想要的曲目，然后轻点"确定"按钮即可。

3.3.4　来电手机动作综合设置

为了使手机更加人性化，Android提供了"拿起电话时铃声减弱"、"口袋模式"、"翻转以打开扬声器"等几种"来电手机动作"。

轻点桌面上的菜单按钮，进入"全部应用程序"界面，轻点"设置"按钮❶。

在"设置"界面中选择"声音"选项❷。

在"声音设置"界面，"手机铃声"③下面有，"拿起电话时铃声减弱"、"口袋模式"和"翻转以打开扬声器"3个设置选项，这就是来电手机动作。用户可以通过轻点右侧的按钮来决定是否启用。

3.3.5　通知音及屏幕反馈设置

轻点桌面上的菜单按钮，进入"全部应用程序"界面，轻点"设置"按钮①。

在设置界面中选择"声音"选项②。

在通知下面就是"通知音"③了。通知音下边是屏幕反馈④，用户可以通过轻点右侧的按钮来决定是否启用这些反馈动作。

轻点"通知音"可打开"通知音"设置对话框**⑤**，用户可以从中选择手机内置的铃声，也可以选择"获取更多"选项去Android官网提供的库里下载。

3.4　显示设置

人们在看电影、电视的时候往往会追求高清，说得直接一点就是高质量的显示，手机也一样，想要在玩游戏、打电话等的时候让自己有着更好的体验，显示设置就一定要了解了。

3.4.1　屏幕自动旋转开关

这个就比较好玩了，当你在看小说、漫画或是做一些其他操作时，屏幕太窄怎么办？旋转一下手机试试。

轻点桌面上的菜单按钮，进入"全部应用程序"界面，轻点"设置"按钮**①**。

在"设置"界面选择"显示"选项**②**。

进入"显示"界面后找到"自动旋转屏幕"选项**③**，用户可以轻点右侧的按钮决定是否启用。

看！旋转了屏幕的效果**④**是不是屏幕变宽了！

3.4.2 动画级别设置

有的用户在使用某些功能的时候会有窗口动画显示，但有的用户却没有。那么怎样设置这个动画呢？方法如下。

轻点桌面上的菜单按钮，进入"全部应用程序"界面，轻点"设置"按钮❶。

在"设置"界面中选择"显示"选项❷。

进入设置面板后找到"动画"选项❸。

选择"动画"选项会弹出"动画"对话框❹，用户可以从中设置窗口无动画或有部分动画还是所有动画。

3.4.3 亮度调节

如果突然手机电量不够了，而且又没有充电的地方，怎样才能省下一部分电量呢？调节手机亮度就是一个方法。

轻点桌面上的菜单按钮，进入"全部应用程序"界面，轻点"设置"按钮❶。

在"设置"界面选择"显示"选项❷。

进入设置面板后找到"亮度"选项❸。

选择"亮度"选项会弹出"亮度"设置对话框❹，用户可以通过拖动滑块来预览亮度，轻点"确定"按钮即可应用设置。

3.4.4　屏幕待机设置

在不使用手机的情况下，待机是最省电的，但如果用户比较忙碌，就会出现忘记手动待机的情况，这种情况曾一度困扰了很多用户。现在就来说一下Android手机的待机设置方法。

轻点桌面上的菜单按钮，进入"全部应用程序"界面，轻点"设置"按钮❶。

在"设置"界面中选择"显示"选项❷。

进入设置面板后找到"屏幕待机"选项❸。

选择"屏幕待机"选项会弹出"屏幕待机"设置对话框❹，用户可以通过轻点右侧的单选按钮来进行选择。

3.4.5 通知指示灯设置

轻点桌面上的菜单按钮，进入"全部应用程序"界面，轻点"设置"按钮①。

在"设置"界面中选择"显示"选项②。

进入设置面板后找到"通知指示灯闪烁"选项③。

选择"通知指示灯闪烁"选项就会进入设置界面，用户可以通过轻点右侧的按钮来决定开启哪些通知灯闪烁。

3.4.6 G-Sensor校准

G-Sensor校准是基于用户开启了屏幕自动旋转而设置的。有的用户会发现自己的手机屏幕旋转不正常，那么就可以通过G-Sensor校准来进行校准。

轻点桌面上的菜单按钮，进入"全部应用程序"界面，轻点"设置"按钮①。

在"设置"界面中选择"显示"选项②。

进入设置面板后找到"G-Sensor校准"选项③。

选择"G-Sensor校准"选项就会打开G-Sensor校准界面④，此时，将手机屏幕向上平放在桌子或是其他平直表面上，轻点"校准"按钮后，系统会提示正在校准。当屏幕左上角显示校准完成后轻点"确定"按钮即可。

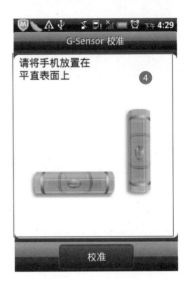

第4章 安全设置快速掌控

　　手机的安全、管理等都关系到用户自身的资料、信息等的安全，一些网络上的非法黑客、木马、病毒等都可以通过这些来损害用户的利益，因此用户必须要掌控手机的安全设置。

4.1 隐私权及USB连接PC设置

这里讲解隐私权和连接PC的方式设置，一些必要的设置可以有效地保护用户的信息不至于泄露。

4.1.1 锁屏信息开关设置

为防止用户误操作，平板类手机都会拥有锁屏功能。下面讲解如何设置锁屏信息。

轻点桌面上的菜单按钮，进入"全部应用程序"界面，轻点"设置"按钮❶。

在"设置"界面中找到"隐私权"选项❷。

用户可以通过轻点"在锁定屏幕上显示短信文字"右侧的按钮❸来决定是否显示。

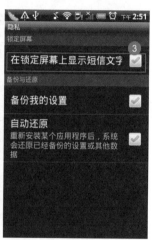

4.1.2 备份设置

设置备份是Android手机为防止用户信息丢失所加入的功能，用户可通过开启备份功能来保障自己的数据不丢失。

轻点桌面上的菜单按钮，进入"全部应用程序"界面，轻点"设置"按钮❶。

在"设置"界面中找到"隐私权"选项❷。

在"备份与还原"面板中可以找到备份设置开关和自动还原开关❸，可以通过轻点右侧的按钮来决定是否显示。

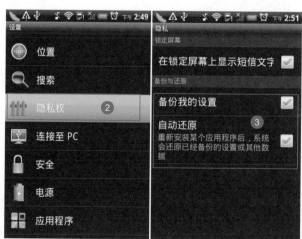

4.1.3 默认连接方式和连接询问设置

手机与PC的连接方式有很多种，设置默认可以使用户不需要每次连接到PC时都手动选择连接方式。

轻点桌面上的菜单按钮，进入"全部应用程序"界面，轻点"设置"按钮①。

在"设置"界面中找到"连接至PC"选项②。

选择"连接至PC"选项可以打开"USB连接方式"设置界面③，其中有两个设置，分别是"默认连接方式"、"询问我"。通过轻点右侧的按钮，用户可以直接设置是否启用"询问我"选项。

选择"默认连接方式"选项会弹出"选择默认方式"对话框④，用户可以从中选择默认方式，轻点"完成"按钮完成设置。

4.2 电源管理

手机电量是每个用户都十分关心的问题，由于Android手机是智能系统手机，所以在电量方面有着自己的一套管理方法。

4.2.1 节能程序开关

手机的电量是困扰了很多用户的问题，在这方面Android手机提供了节能程序来延长电池的使用时间。下面讲解如何打开节能程序。

轻点桌面上的菜单按钮，进入"全部应用程序"界面，轻点"设置"按钮❶。

在"设置"界面中找到"电源"选项❷。

进入"电源"界面，该页面包括"节能程序"和"快速启动"两个面板❸。用户可以通过轻点右侧的按钮来决定是否启用节能程序和快速启动。

选择"开启节能程序"选项，进入"节能程序时间表"界面❹，用户可以通过剩余电量控制节能程序开启。

4.2.2 节能程序设置

节能程序所关闭的程序是系统默认的程序，有特殊需要的用户可以在"节能程序设置"界面中进行设置。

轻点桌面上的菜单按钮，进入"全部应用程序"界面，轻点"设置"按钮❶。

在"设置"界面中找到"电源"选项❷。

进入"电源"界面，可以找到"节能程序设置"选项❸。

选择"节能程序设置"选项，进入"节能程序设置"界面❹，里面提供了在低电量时可以关闭的功能，用户可以通过轻点右侧的按钮来决定启动哪些程序，以进入节电状态。

4.3 手机存储及存储卡

手机存储及存储卡是用来储存用户信息、数据的仓库，所以用户应该了解这些功能的使用。

4.3.1 安装\卸载存储卡

Android的存储卡是需要进行安装才可以正常使用的。接下来讲解安装及卸载存储卡的方法。

轻点桌面上的菜单按钮，进入"全部应用程序"界面，轻点"设置"按钮①。

在"设置"界面选择"存储卡和手机存储"选项②。

 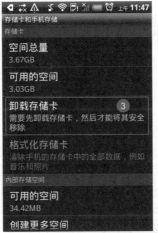

进入"存储卡和手机存储"界面，可以找到"卸载存储卡"选项③，由于已经安装过，所以这里仅显示为"卸载存储卡"。用户可以通过该选项来决定是否卸载存储卡。

4.3.2 创建更多空间

"创建更多空间"是手机空间不足时用来清理空间的功能。

轻点桌面上的菜单按钮，进入"全部应用程序"界面，轻点"设置"按钮①。

在"设置"界面中找到"存储卡和手机存储"选项②。

在"存储卡和手机存储"界面的下方可以找到"创建更多空间"选项③。"创建更多空间"是通过清除应用程序缓存和移动或者卸载应用程序数据来获得更多存储空间。

选择"创建更多空间"选项，可以打开"清理缓存"界面④，这里有两种清理缓存的方式供用户选择。

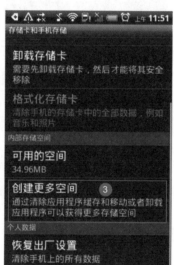

轻点"下一步"按钮，进入"应用程序存储"界面，Android手机提供了两种应用程序的清理方式⑤："移至存储卡"和"卸载"。

选择"移至存储卡"选项可以进入"移至存储卡"界面⑥，系统会为用户列出可移动内容列表供用户选择，如有需要移动的，右侧会有按钮供用户轻点，轻点"下一步"按钮即可；如果没有需要移动

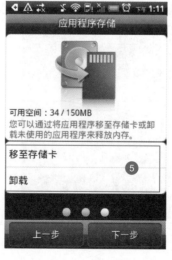

的，可轻点"上一步"按钮返回。

选择"卸载"选项可以进入"卸载"界面❼，系统为用户列出了可卸载内容列表，供用户选择，如有需要卸载的，右侧会有按钮供用户轻点，轻点"下一步"按钮即可；如果没有需要卸载的，可轻点"上一步"按钮返回。

选择好需要移动和卸载的应用程序后轻点"下一步"按钮可进入"邮件和信息存储"界面❽，用户可以选择"删除旧信息"选项，并通过右侧的按钮来设置短信和彩信限制的数量。

选择"下载以前的邮件"选项可进入邮件保存设置❾，用户可以设置邮件保存的时间。

4.3.3 恢复出厂设置

在不慎删除了手机内置的程序造成系统混乱时，不要束手无策，Android系统内置了恢复出厂设置的复位功能，这个功能可以拯救由于误操作引起的手机系统崩溃，但是这个功能会删除用户的全部信息，所以不到迫不得已不推荐使用该功能。

轻点桌面上的菜单按钮，进入"全部应用程序"界面，轻点"设置"按钮❶。

在"设置"界面中选择"存储卡和手机存储"选项❷。

进入"存储卡和手机存储"界面，在其下方可以找到"恢复出厂设置"选项❸。

选择"恢复出厂设置"选项进入"恢复出厂设置"的确认界面❹，该界面中会提示进行恢复出厂设置的后果，下方有"格式化存储卡"选项，设置完成后轻点"恢复出厂设置"按钮即可将手机恢复到出厂状态。

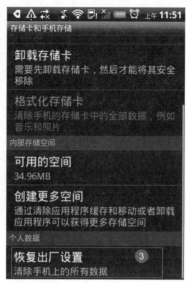
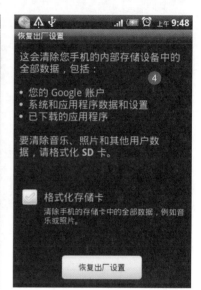

4.4 管理应用程序

　　Android电子市场为用户提供了海量的应用程序，但如果手机上的应用程序多了则会令手机显得乱糟糟的，这就需要对这些应用程序进行管理。

4.4.1 未知源安装开关和开发选项

　　下面讲解如何打开未知源安装和开发选项。

　　轻点桌面上的菜单按钮，进入"全部应用程序"界面，轻点"设置"按钮❶。

　　在"设置"界面中找到"应用程序"选项❷。

　　选择"应用程序"选项进入"应用程序"界面❸，用户可以通过右侧的按钮来决定是否开启"未知源"选项。

　　选择"开发"选项进入"开发"设置界面❹，这里列出了开发的3个功能：USB调试、保持唤醒状态、允许模仿位置。用户可以通过右侧的按钮来决定是否启用这些功能。

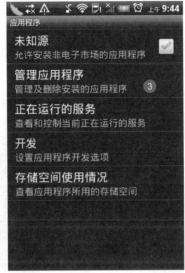

4.4.2　管理应用程序

手机内部都拥有应用程序，如何管理这些应用程序就成为用户应该掌握的技能。接下来讲解如何管理应用程序。

轻点桌面上的菜单按钮，进入"全部应用程序"界面，轻点"设置"按钮❶。

在"设置"界面中找到"应用程序"选项❷。

选择"应用程序"选项进入"应用程序"界面，可以找到"管理应用程序"选项❸。

选择"管理应用程序"选项进入管理界面❹，该界面列出了已下载的所有应用程序。

轻点任意应用程序即可查看该程序的详细信息⑤。

有些应用程序是用户用不到的，当用户需要删除某应用程序时，只需要轻点该应用程序界面的"卸载"按钮，然后在弹出的界面⑥中轻点"确定"按钮即可。

4.4.3 正在运行的服务

下面讲解如何查看正在运行的服务。

轻点桌面上的菜单按钮，进入"全部应用程序"界面，轻点"设置"按钮①。

在"设置"界面找到"应用程序"选项②。

选择"应用程序"选项进入"应用程序"界面，可以找到"正在运行的服务"选项③。

选择"正在运行的服务"选项可进入运行列表④，手机内正在运行的程序都被列了出来。

轻点任意程序即可查看该程序的详细信息❺，用户可以通过轻点"强制停止"按钮来中断所查看的应用程序。

4.5 呼叫设置

这里讲解如何进行语音信箱、国内拨号、呼叫转移等诸多呼叫方面的设置，这些设置可以为用户的日常使用提供便捷的操作。

4.5.1 语音信箱服务及设置

语音信箱是移动电话的一项新功能，它可以随时帮助储存语音信息，使用户与外界保持密切联系，不错过任何来电，来电者可以直接留言，不经转接，信息精确无误。Android手机也提供了这项功能。

轻点桌面上的菜单按钮，进入"全部应用程序"界面，轻点"设置"按钮❶。

在"设置"界面中选择"呼叫"选项❷，进入"呼叫"界面。

选择"语音信箱服务"❸选项，可以选择运营商；轻点"语音信箱设置"选项，可以设置语音信箱号码；轻点"清除语音信箱通知"选项，可以清除手机已接收的信箱通知。

4.5.2 手机设置及本国漫游设置

国内漫游是指在国内漫游时可以拨打本地(漫游地)电话、归属地电话、国内长途电话、港澳台及国际电话，以及使用IP电话等业务，用户可以在使用漫游功能时开启本国漫游设置，避免话费上不必要的损失。

轻点桌面上的菜单按钮，进入"全部应用程序"界面，轻点"设置"按钮❶。

在"设置"界面选择"呼叫"选项❷，进入"呼叫"界面。

在"呼叫"界面能看到"手机设置"和"本国设置"两项❸，"本国设置"就是指本国漫游设置，直接轻点右侧按钮即可开启。

选择"手机设置"选项可打开"手机设置"界面❹，在这个界面中可以编辑默认信息，设置是否编辑信息和保存联系人。

  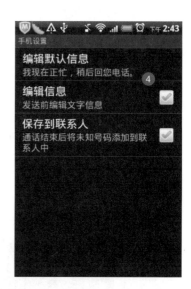

4.5.3 国内拨号设置

国内拨号设置是通过国家代码区分用户所拨打的号码。下面讲解如何启用国家代码。

轻点桌面上的菜单按钮，进入"全部应用程序"界面，轻点"设置"按钮❶。

在"设置"界面中选择"呼叫"选项❷，进入"呼叫"页面。

将界面向上拖动，就可以找到"国内拨号"选项❸。

选择"国内拨号"选项后会弹出"国内拨号"对话框❹，在对话框中即可设置是否添加国家代码和使用哪个国家的代码。

4.5.4　呼叫转移设置

　　呼叫转移又叫呼入转移，是一种网络功能，如果用户的电话无法接听或用户不愿接电话，可以将来电转移到其他电话号码上，设置方法如下。

　　轻点桌面上的菜单按钮，进入"全部应用程序"界面，轻点"设置"按钮❶。

　　在"设置"界面中选择"呼叫"选项❷，进入"呼叫"界面。

　　将界面向上拖动，就可以找到"呼叫转移"选项❸。

　　选择"呼叫转移"选项后就会进入"呼叫转移设置"界面❹，各种呼叫转移的开启及禁用只需要轻点右侧的按钮进行设置即可。

在轻点了任意呼叫转移右侧的按钮后会弹出对话框，在该对话框中输入需要进行呼叫转移的号码，轻点"启用"按钮即可。

4.5.5　呼叫限制设置

为了让客户可以灵活地控制手机的服务权限，防止被人误打、盗打电话，特别是国际长途电话，避免不必要的经济损失，每部手机都设有呼叫限制功能。用户可按一定条件设置密码，限制电话打入和打出，设置方法如下。

轻点桌面上的菜单按钮，进入"全部应用程序"界面，轻点"设置"按钮①。

在"设置"界面中选择"呼叫"选项②，进入"呼叫"界面。

将界面向上拖动，找到"呼叫限制设置"选项③。

选择"呼叫限制设置"选项即可进入"呼叫限制设置"界面④，在该界面即可设置限制是否启用，以及进行密码的设置。

在轻点了任意呼叫限制右侧的按钮后会弹出对话框，在该对话框中输入呼叫限制的密

码，轻点"确定"按钮**⑤**即可。

4.5.6　小区广播设置

　　小区广播是一项新兴的移动数据增值业务，是一种可随身携带的"媒体"，其受众面广，可使受众直接将信息握在手中。

　　轻点桌面上的菜单按钮，进入"全部应用程序"界面，轻点"设置"按钮**①**。

　　在"设置"界面中选择"呼叫"选项**②**。

　　将界面向上拖动，就可以找到"小区广播设置"选项**③**，在小区广播被禁用的情况下是无法打开"小区广播设置"的。轻点"小区广播"右侧的按钮，即可启用小区广播。

　　选择"小区广播设置"选项即可进入"小区广播"界面**④**，用户可以从中选择是否接收频道列表，也可以选择语言。如果用户已有频道编号，那么就可以使用"添加频道"选项功能将自己已有的频道添加进去。

4.6　账户与同步

　　这里的账户主要指Google账户，用户可以通过Google账户来备份自己的数据。

4.6.1 数据同步

数据同步是指将手机内部的数据与用户储存在其他位置的数据进行同步，以达到保证数据完整的目的，而Android手机的数据同步是将手机内的数据与用户的Google账户数据同步。

轻点桌面上的菜单按钮，进入

"全部应用程序"界面，轻点"设置"按钮❶。

在"设置"界面中选择"账户与同步"选项❷。

进入"账户和同步"界面，用户可以通过轻点"常规同步设置"面板❸中的各选项右侧的按钮来决定是否开启同步功能。

4.6.2 建立谷歌账户

对于Android手机而言，手机中的很多功能都是和谷歌账户有关联的，如电子市场、邮箱、Gtalk等。所以申请注册一个谷歌账户对更好地使用Android手机是很有帮助的。

轻点桌面上的菜单按钮，进入"全部应用程序"界面，轻点"设置"按钮❶。

在"设置"界面找到"账户与同步"选项❷。

进入"账户和同步"界面，由于之前已经添加过账户了，所以会看到有一个账户信息，当然，用户还可以添加多个账户，做到多账户同步处理。

轻点"添加账户"按钮❸之后就会进入"添加账户"界面，这里选择账户类型，轻点Google选项❹。

进入"添加Google账户"页面，轻点"下一步"按钮❺。

轻点"创建"按钮❻后，用户可设置"名字"、"姓氏"、"用户名"，然后轻点"下一步"按钮❼。

若出现界面❽，表示用户名已经被其他人使用，可重新设置一个用户名，然后轻点"下一步"按钮。

确认好账户名之后就会进入设置密码界面❾，输入密码后轻点"下一步"按钮。

进入设置安全问题的界面❿。

轻点"安全问题"下拉列表框右侧的下三角按钮会弹出选择问题列表⓫，轻点需要使用的问题即可。

设置好安全问题及答案后轻点"创建"按钮即可进入Google 服务条款界面⑫。用户阅读完毕之后轻点"我同意，下一步"按钮 。

接着Google会要求用户输入验证码，根据图片⑬所显示的内容，输入验证码，轻点"下一步"按钮。

这样就完成了谷歌账户的创建，用户可以在界面⑭中轻点"立即同步"或是"删除账户"按钮，即可将账户删除。

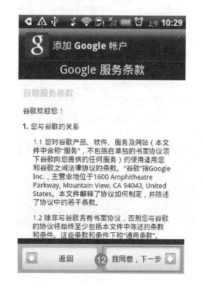

4.6.3　进行账户同步

在有了谷歌账户的基础上就可以对账户进行同步了，下面讲解如何进行账户同步。

轻点桌面上的菜单按钮，进入"全部应用程序"界面，轻点"设置"按钮❶。

在"设置"界面中选择"账户与同步"选项❷。

进入"账户和同步"界面，其中的Google选项❸就是指你的账户了。

用户可以通过选择Google选项，进入Google界面❹来实现账户信息的同步。

选择"天气"选项可以进入"天气"同步界面❺。用户可以通过选择"同步 天气"选项来对天气进行同步，也可以开启更新设置。选择"更新频率"选项可以打开更新频率对话框，从中轻点需要的更新时间即可。

选择"新闻"选项可以进入"新闻"同步界面❻。用户可以通过选择"同步 新闻"选

项来对新闻进行同步，也可以开启更新设置。选择"更新频率"选项可以打开更新频率对话框，轻点需要的更新时间即可。

　　选择"股票"选项可以进入"股票"同步界面❼。用户可以通过轻点"同步 股票信息"选项来对股票进行同步，也可以开启更新设置。选择"更新频率"选项可以打开更新频率对话框，轻点需要的更新时间即可。

第5章

玩转网络畅游

作为智能机，Android手机的网络功能也是十分强大的，用户可以通过网络连接世界，参与到网络这个大家庭中来。

5.1 无线与网络设定

在使用Android手机网络功能前，用户首先要了解一下无线与网络下的功能设定，这些对用户的使用有着很大的帮助。

5.1.1 飞行模式的开关

手机的飞行模式又叫航空模式，因为在乘坐飞机时必须关掉手机，以免手机信号的发射和接收对飞机飞行造成影响，避免飞行事故的发生，保障飞机上所有人员的安全。而如果打开了飞行模式，则免去了关掉手机的操作，有些手机里就自带了这个功能，可以关闭掉SIM卡的信号收发装置。那么怎样使用Android手机的飞行模式呢？方法如下。

轻点桌面上的菜单按钮，进入"全部应用程序"界面，轻点"设置"按钮❶。

进入"设置"界面，选择"无线和网络"选项❷。

进入"无线和网络"界面，放在首位的就是"飞行模式"❸了。可以看到，"飞行模式"的作用就是禁用所有无线连接。在右侧有个按钮☐，现在是灰色的，表示飞行模式没有开启，如果用户想开启飞行模式，只需要在按钮上轻点，等按钮变成绿色☑就表示打开了飞行模式。

5.1.2 WLAN开关和设置

WLAN是一种利用射频(Radio Frequency，RF)技术进行数据传输的系统，用于网络传输，就是俗称的上网。WLAN的主要商标就是WiFi。WiFi属于采用WLAN协议中的一项新技术。WiFi的覆盖范围则可达300英尺左右(约合90米)，也就实现了无线上网。很多用户都被一根网线所困扰，那么如何摆脱这个束缚呢？方法如下。

轻点桌面上的菜单按钮，进入"全部应用程序"界面，轻点"设置"按钮❶。

进入"设置"界面选择"无线和网络"选项❷。

进入"无线和网络"界面，选择"WLAN设置"选项❸。

开启WLAN❹功能将自动检测可用的网络。如果开启"网络通知"❺功能则检测到备选网络时会在任务栏中显示通知。列表❻中可以看到已搜索到的无线网络设备和已记录的无线网络设备。

轻点可用的无线网络设备会弹出连接到×××设备的对话框，在"无线密码"文本框❼中输入架设WiFi网络时设置的无线网络密码，轻点"连接"按钮即可。

连接到无线网络后，WLAN下方会有连接提示，同时任务栏中也会开启无线网络连接标志❽，这样就可以用WiFi无线畅游网络了。

5.1.3　蓝牙开关和设置

蓝牙是一种支持设备短距离通信的无线电技术，通过蓝牙可以使设备间进行无线的信息交互，蓝牙耳机、蓝牙键盘的应用使用户摆脱了线的束缚，让设备使用更加自如。

轻点桌面上的菜单按钮，进入"全部应用程序"界面。轻点"设置"按钮❶。

在"设置"界面选择"无线和网络"选项❷。

在"无线和网络"界面中选择"蓝牙设置"选项❸。

在"蓝牙"选项❹右侧有个按钮，现在是灰色的，表示蓝牙没有开启，如果用户想开启蓝牙，只需要在按钮上轻点，等按钮变成绿色就表示打开了蓝牙。

开启蓝牙后可以设置设备名称❺，默认为设备的型号。"可发现"选项❻开启后使自己的手机可被别的蓝牙设备找到，限时120秒。

"扫描蓝牙设备"可以扫描蓝牙耳机、蓝牙键盘以及其他蓝牙设备，而下方的"蓝牙设备"列表中则显示了搜索到的蓝牙设备❼。

选择要连接的蓝牙设备并设置配对密码❽，配对的设备会收到配对请求，并要求输入配对密码。

配对完成后可看到扫描设备时的提示为"已配对。已断开连接"，这样就完成了蓝牙的基本设置，通过这些设置可以利用蓝牙方便地传送文件。

5.1.4 便携式WLAN热点的开关和设置

便携式WLAN热点可通过WLAN与电脑共享此电话的3G Internet连接。也就是让电脑通过手机来使用Internet上网。

轻点桌面上的菜单按钮，进入"全部应用程序"界面，轻点"设置"按钮。

在"设置"界面选择"无线和网络"选项❶。

在"无线和网络"界面选择"便携式WLAN热点设置"选项❷。

在"便携式WLAN热点"选项❸右侧有个按钮□，现在是灰色的，表示便携式WLAN热点没有开启，如果用户想开启便携式WLAN热点，只需要在按钮上轻点，等按钮变成绿色□就表示打开了便携式WLAN热点。

在"设置"面板❹可以建立路由器的名称，设定安全及密码。下边的"用户"面板则是设置使用该路由器的用户数量。

5.1.5　移动网络的设置和开关

　　移动网络就是现在手机接拨电话所使用的网络，在国内主要是移动、联通和电信的运营
网络。接下来讲述如何设置移动网络。

　　轻点桌面上的菜单按钮，进入"全部应用程序"界面，轻点"设置"按钮①。

　　在"设置"界面中选择"无线和网络"选项②。

　　在"无线和网络"界面选择"移动网络设置"选项③。

　　在"移动网络设置"界面④中，"数据漫游"选项是指将数据上传到网络服务器中保
存，可以在任何地方任意操作数据；"接入点名称"选项是指设置接入点的属性及类型；
"网络模式"选项是指设置网络使用的模式；"网络运营商"选项则是选择哪家公司运营的
移动网络。

> 提
> 示
> 　　"移动网络"是插入电话卡后系统自动开启的。

5.1.6　Internet共享开关、设置和传输

　　Internet共享可以使电脑通过共享手机的Internet来实现上网的作用，设置方法如下。

　　轻点桌面上的菜单按钮，进入"全部应用程序"界面，轻点"设置"按钮①。

　　进入"设置"界面，选择"无线和网络"选项②。

　　在"Internet共享"选项③右侧有个按钮▢，现在是灰色的，表示Internet共享没

有开启，如果用户想开启Internet共享，只需要在按钮上轻点，等按钮变成绿色 ☑ 就表示打开了Internet共享。"Internet传输"选项也一样，开启后就会与电脑进行连接。

选择"Internet共享"选项，弹出"Internet共享类型"对话框 ❹，这是用来选择共享类型的。

5.2　应对不同网络环境的Android

5.2.1　主流的无线网络解析

在网络非常发达的数字时代，网上冲浪已经成了人们日常不可或缺的一件事情，而今各个移动设备也都具有了连接网络的功能，使上网环境不再局限于固定的地点。WiFi、3G、GPRS等多种上网方式都与Android系统的诸多功能是密不可分的。这里主要讲解一下WiFi和3G。

WiFi就是一种短距离无线技术，俗称为无线宽带，可以让用户在一定范围内不用连接网线而使用网络，使用户在家中或是在办公室中使用带有WiFi的电子产品时不再受网线的束缚。

3G是第三代移动通信技术，是指支持高速数据传输的蜂窝移动通信技术。3G服务能够同时传送声音(通话)及数据信息(电子邮件、即时通信等)。

WiFi不需要借助任何的通信服务商，只要在现有宽带网络环境下搭建WiFi发射点(无线路由器)就可以在一定范围内自由上网。

优点：建立方法简单，上网费用低，信号稳定。

缺点：上网的地点与使用范围有局限性。

3G网络是由通信服务商搭建的覆盖面极广的通信网络服务，用户利用3G上网需要与服务商达成3G网络服务区协议。3G网络的使用地区基本不受限制。

> 提示 由于两种上网方式都需要手机与主机有大量的数据传输，所以耗电量也是相当客观的。

优点：使用范围广，不受地点约束，随时随地享受网络服务。

缺点：服务费比较贵，不适合长时间使用。

5.2.2 架设家庭WiFi无线网络

架设家庭WiFi的方法非常简单，拥有了家庭WiFi使你的网络不再局限于电脑桌前，躺在床上看网页、聊天、查股票，自在无拘束。架设家庭WiFi需要确定家中已有宽带网络，并准备一台无线路由器即可。将入户的网线连接到无线路由器的WAN口，将PC连接到任意一个标注着数字的接口，然后进行路由器的设置。这里我们以TP-LINK无线路由器的设置方法为准，其他路由器设置方法相似。

轻点电脑中的IE图标①打开IE浏览器。

在地址栏中输入地址为"192.168.1.1"②，按Enter键。

弹出"Windows安全"对话框，输入用户名和密码，默认均为admin③。

首次登录会弹出设置向导，选择网络环境为"让路由器自动选择上网方式"④，然后单击"下一步"按钮。

在弹出的设置向导界面中输入家庭宽带服务商提供的上网账号和密码⑤，然后单击"下一步"按钮。

进入"无线设置"界面，设置无线网络的状态及名称等参数⑥。

开启无线安全，设置登录到你的无线网络的密码⑦，单击"下一步"按钮。

进入设置完成界面，单击"完成"按钮⑧，完成路由器的设置。

> **提示**
>
> SSID这个属性为无线网络的名称，默认为用户路由器的型号的名称；PSK密码的设置，应尽量为英文、数字及符号的组合，这样可以有效地防止蹭网的现象。

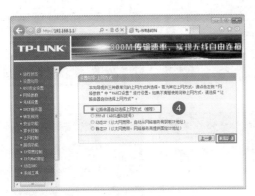

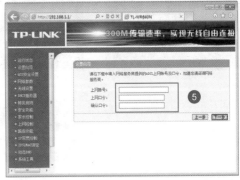

5.2.3　手机WiFi上网

有了家庭WiFi网络就能够在家里的任意一个角落遨游网络世界，也就实现了手机"挂"上网。

轻点桌面上的菜单按钮，进入"全部应用程序"界面，轻点"设置"按钮①。

进入"设置"界面，选择"无线和网络"选项②。

进入"无线和网络"界面，选择"WLAN设置"选项③。

在打开的WLAN界面中开启WLAN❹功能将自动检测可用的网络。如果开启"网络通知"功能，则检测到备选网络时会在任务栏中显示通知❺。列表❻中可以看到已搜索到的无线网络设备和已记录的无线网络设备。

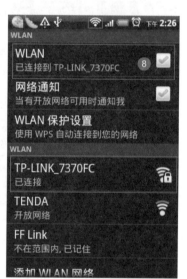

在"无线密码"文本框❼中输入架设WiFi网络时设置的无线网络密码。

轻点"连接"按钮，连接到无线网络后，WLAN下方会有连接提示❽，同时任务栏中也会开启无线网络连接标志，这样就可以用WiFi无线畅游网络了。

5.2.4 蓝牙传输

想让身边的好友分享自己的快乐？想把自己喜欢的音乐推荐给你的知音？想把刚下载的炫酷应用程序分享给你的玩伴？那么蓝牙传输就是首选的免费传输方式。下面我们通过即时拍照功能来讲解蓝牙传送文件的方法。

在"无线和网络"界面中开启蓝牙❶功能，并确定已配对。

利用照相机功能拍摄照片，在预览模式中轻点共享按钮 ❷。

进入"共享方式"菜单，选择蓝牙❸。

选择已配对的蓝牙设备❹进行文件的传输，需要对方设备进行接收确认。

在传输文件的过程中手机的任务栏里会有传送的进程和进度❺供用户查阅。

文件传输结果会有提示音，在任务栏中会有"蓝牙分享"通知❻。

在音乐功能中蓝牙共享方法为：按
菜单键 🔲 后轻点"共享"图标❼。

在相册中图片的蓝牙发送为：

提
示

　　轻点"蓝牙分享"通知，会显示详细
的文件名称、送往设备的名称、文件的大
小和传达的时间。

轻点"共享"按钮🔽并选择蓝牙发送后要批量发送的图片❽。

在全部程序界面按菜单键▤选择"共享"图标❾，并挑选要传送的应用程序后，可以通过蓝牙将手机内的第三方应用软件发送到其他手机，蓝牙传送文件就是如此简单。

5.2.5　接收蓝牙文件

当朋友聚会时看到朋友手机里绚丽的图片或是发现好听的音乐是不是想将它们也放到自己的手机里呢？这时蓝牙就可以帮你把对方手机里的文件搬到自己的手机里。

在"菜单"|"设置"|"无线和网络"中打开蓝牙❶，并确定已配对。

发送方发出文件后手机会有声音提示，并且会收到授权请求❷。

轻点"接受"按钮，任务栏中可以查看到蓝牙文件的确认信息❸，轻点打开该信息。

打开"文件传输"对话框❹，轻点"接受"按钮，进行文件的接收操作。

接收蓝牙文件时的状态显示与蓝牙发送文件时的显示相同❺。

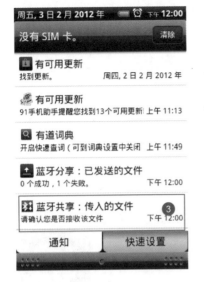

文件接收完成后可以在任务栏中看到通知❻。

轻点查看"蓝牙分享"的通知，进入"传入历史记录"界面，里面显示了文件的名称、发送端的名称以及文件的大小和发送时间❼。

轻点接收的文件会快速打开预览❽，本例传输的是MP3音乐文件，所以打开了音乐播放器。这样就可以轻松地获取其他手机端的资源，做到免费即时的共享。

5.3 Android内置浏览器

浏览器是一个媒介，可以通过网络让用户浏览新闻、视频、音乐等网络资源，Android内置的浏览器功能非常强大，配合WiFi或3G等大流量的网络支持，能够像PC一样浏览HTML网页。

5.3.1 浏览器的各项操作

与PC的浏览器相同，Android内置的浏览器也拥有诸如前进、后退、刷新、复制等众多功能。

轻点桌面上的菜单按钮，进入"全部应用程序"界面，轻点"互联网"按钮❶。

开启浏览器可以看到上方为浏览器的地址栏和刷新按钮，下方显示的是Android系统的开发商Google的Google搜索界面❷。

轻点地址栏，默认会选取地址栏的全部文字，同时地址栏下方会弹出最近浏览的界面地址❸，屏幕下方会弹出方便地址栏输入文字的键盘。

在地址栏中输入网页地址并轻点地址栏后方的智能按钮，就可以转到相应的网址❹，在读取网页时智能按钮为停止读取功能。

网页完全打开后地址栏中会显示网页的小图标，地址栏后方的智能按钮会变为刷新按钮❺。此时用两根手指在屏幕上做分开和并拢的动作可以实现网页缩放。

如同在电脑上浏览网页一样，轻点文字或者图片，依据网页的设置，在新界面中打开选择内容。此时可以进行缩放操作和多界面切换❻。

在主页中轻点下方的Google标志会进入到Google搜索的界面❼，与PC版本不同的是Android版本的Google提供了丰富的生活资讯查询，如餐馆、咖啡店、酒吧等。

在Google搜索界面中用手指向下滑动会出现Google分类工具❽，包含网页、图片，周边，新闻等快速导航，方便用户快捷简便地找到所需信息。

轻点分类工具后方的"更多"图标，会弹出Google更多的生活服务搜索和谷歌支持的应用程序❾。了解了内置浏览器的基本操作就能够浏览五花八门的网络信息了。

5.3.2 浏览器设置

如同PC浏览器一样，手机浏览器提供了可以让用户根据个人习惯设定浏览方式的设置选项，在设置中可以实现对历史记录的管理、对界面信息的审阅等全部的浏览器参数。

1）菜单键默认选项

轻点桌面上的菜单按钮，进入"全部应用程序"界面。轻点"互联网"按钮❶。

在浏览器界面中按菜单键▤将弹出六个快捷工具❷。其中，"返回"和"前进"选项可以快速切换最近浏览的界面，"添加书签"选项存储浏览界面以方便快速查找，"书签"选项添加书签后所记录网页的列表，"窗口"选项可以在多窗口模式切换。

轻点"添加书签"图标后可以看到对书签的编辑文本框❸，在"名称"文本框中输入网站的名字，在"位置"文本框中输入网站的地址。

> 提示
>
> 由于添加书签命令大多时候是在正在浏览的页进行，所以系统会默认给出所浏览界面的名称和地址。

轻点"书签"图标，进入"书签"界面，可以选择已经添加书签的界面❹，按菜单键▤可以查看书签列表的排列方式以及对书签进行再次编辑。

轻点"窗口"图标，界面自动收缩，显示出立体的多窗口预览❺，可通过左右滑动切换，轻点左上方的➕按钮可以新建窗口。

2）更多浏览器设置

按菜单键▤，轻点"更多"图标后会弹出所有有关浏览器的设置❶。轻点"主页"图标❷可以快速地返回浏览器开启时设置的界面。

主页内容的设置方法在"设置"选项中可以调整，后文有详细讲解。

选择"在页面上查找"功能后会弹出文本框❸，输入要查找的内容即可出现，查找的内容会在界面上高亮显示。

选择"复制文字"功能后在界面上的任意文字处轻点，会出现两圈定文字范围的控制器❹，调整控制器的位置圈定复制文字的范围，此时会出现"复制"、"快速查阅"、"共享方式"的快捷选项。

选择"页面信息"选项可以显示出正在浏览网页的名称和详细的地址❺。

选择"共享页面"选项可以将当前浏览的界面通过社交软件、邮件、蓝牙或信息等方式❻即时分享给朋友。

选择"下载"选项后可以进入下载内容界面❼，其中显示了下载的历史记录，当选择下载文件时会出现"删除"和"清除所选项"的操作提示。

"历史记录"选项中列出了一段时间内浏览网页的情况，方便查找，再次按菜单键▤会出现

"清除历史记录"选项⑧。

"设置"界面中包含了网页浏览的所有参数⑨，"设置主页"选项可以设置开启浏览器所进入的界面，显示配置参数可以设置一切有关显示的参数。善于利用这些参数设置能够让浏览器更出色。

5.4 电子市场

Android电子市场是一个集合了Android系统上所有应用的超级市场，Android系统的强大就在于此，上万种应用程序没有你找不到的只有你想不到的，其中6000多款应用程序提供免费下载，应用的种类更是延伸到生活的方方面面，是Android系统常用常新的有力保障。

5.4.1 电子市场简介

在电子市场中包含了非常丰富的应用程序，使用户应接不暇，让本节作为向导，引领用户走进这个奇妙的市场。

在连接网络后，轻点桌面上的菜单按钮，进入"全部应用程序"界面，轻点"电子市场"按钮❶。

在创建完成Google账户后首次登录电子市场时会出现电子市场服务条款❷，轻点"接受"按钮进入电子市场。

进入电子市场❸后可以看到软件的大分类以及推荐的精选应用程序。由于编者使用的是HTC手机，所以在大分类中除了应用程序和游戏外还有

HTC这一类，此类为HTC专属软件。

轻点"应用程序"这一大分类，里面会按照应用方面分为很多小类④，方便用户分类查看所需软件。

选择"所有应用程序"选项，进入后看到上方分为"热门免费应用"和"新应用"两类⑤，由黑色弧线标志出用户所在界面位置，下方列出了此分类下的应用。

轻点任意应用程序进入，在程序介绍界面⑥里会列举出程序的分类、名称、评分、说明，向上滑动屏幕可以看到软件的截图和评论，以及相关软件连接和分享功能，可谓非常全面。

轻点界面中左上角处的放大镜图标，开启搜索模式⑦，在文本框中输入软件的名称或关键字就会列出相应的软件。

5.4.2　下载与安装应用

在电子市场中找到了心仪的软件，接下来就要把软件下载到手机中并进行安装。Android软件下载与安装的方法很简单，可以说真正做到了轻松获取、轻松安装。

在连接网络后，轻点桌面上的菜单按钮，进入"全部应用程序"界面，轻点"电子市场"按钮❶。

找到用户需要的应用，轻点"安装"下方的"免费"按钮❷。

进入到权限确认界面，下方列出了应用程序需要用到的命令，确认接受应用的访问后轻点左上方"接受权限"的"确定"按钮❸。

系统自动跳转到选择软件前的界面，此时按菜单键☰在弹出的菜单中选择"我的应用程序"选项❹，此时任务栏中有下载提示。

进入"我的应用程序"界面，可以看到目前正在下载的应用的下载进度❺。

此时从屏幕上方向下滑开任务栏，也可看到应用的下载进度❻。

程序下载完毕后会自行安装，安装后可在"我的应用程序"界面中看到应用的状态❼。在任务栏中也会有安装成功的图标提示。这样就完成了一个应用程序的安装。

5.4.3 卸载应用

若应用程序使用后觉得并不好用，或是更换了同类型的其他应用想要为手机的存储腾出空间时就要卸载安装的软件。与安装软件一样，卸载软件也是十分容易操作的。

在连接网络后，轻点桌面上的菜单按钮，进入"全部应用程序"界面，轻点"电子市场"按钮❶。

进入"我的应用程序"界面选择要卸载的应用❷，进入应用详情界面。

在应用详情界面❸中可以看到下方有"允许自动更新"选项，开启时软件出现新版本会自动更新；左上方有"打开"和"卸载"按钮，轻点"打开"按钮则开启应用，轻点"卸载"按钮可以卸载应用。

轻点"卸载"按钮之后系统会弹出卸载确认对话框❹，轻点"确定"按钮进行卸载。

系统在卸载后会收集软件卸载原因❺，选择卸载原因以便于软件中心更好地管理软件，轻点"确定"按钮完成软件的卸载。

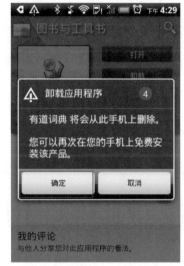

5.5 Gmail与邮件

Gmail是Google提供的免费网络邮件服务。可以永久保留重要的邮件、文件和图片，使用搜索快速、轻松地查找任何需要的内容。

5.5.1 Gmail查看与回复邮件

初次使用Gmail需要设置Google账户的支持，Gmail会自动同步账户信息，智能且操作简便。

在连接网络后，轻点桌面上的菜单按钮，进入"全部应用程序"界面，轻
点Gmail按钮❶。

Gmail开启后会自动同步邮箱信息，列出未查看的邮件❷。

邮件左侧的☑标志可以批量将邮件存档或删除❸。右侧的☆标志可以为邮
件进行标注以方便分类❹。

轻点任意邮件会进入邮件内容界面❺，在界面中显示了邮件的内容，邮件的图片默认是
关闭的，可以通过轻点显示图片。下方有"存档"和"删除"功能供用户使用。右侧有左右
翻页功能，供用户查看"上一封"或"下一封"邮件。

轻点界面上方的回复按钮 ➰ 进入回复邮件界面❻，里面由上至下显示了发件人名称、收
件人名称、邮件标题以及邮件的内容。开启"包含文字"按钮则可以发送带有收到邮件原文
的邮件。

在回复邮件上方出现的是"回复"下拉列表框，可以选择回复类型，右侧的为发送按钮
▣；按菜单键▤可以选择与邮件有关的选项❼。

在邮件列表界面按菜单键▤可以打开邮件编辑菜单❽，其中包括"刷新"（刷新接收邮件）、
"撰写"（撰写邮件）、"账户"（Google账户管理）、"转至标签"（进入邮件分类功能）等。

5.5.2 Gmail菜单讲解

如同PC中的电子邮件一样手机版的Gmail也提供了近乎相似的邮件分类系统和邮箱设置系统。

在连接网络后，轻点桌面上的菜单按钮，进入"全部应用程序"界面，轻点Gmail按钮❶。

Gmail开启后会自动同步邮箱信息，跳转到收件箱❷。

在邮件列表中按菜单键▤，打开功能菜单，选择"撰写"选项❸。

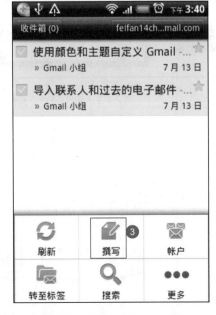

进入"撰写"界面❹，上方显示的为发件人，下方是与所有编写邮件界面相同的设置收件人、主题以及撰写邮件的内容。

在"撰写"邮件界面中按菜单键▤，弹出功能菜单❺，其中有"发送"、"保存草稿"、"添加抄送/密送地址"、"附件"、"舍弃"、"帮助"6个选项。

在邮件列表中按菜单键▤，打开功能菜单，选择"账户"选项。在弹出的界面❻中可以切换邮件账户。

在邮件列表中按菜单键▤，打开功能菜单，选择"转至标签"选项。进入"标签"界面❼，这个界面如同PC邮箱中右侧的标签一样方便用户查看邮件。

在邮件列表中按菜单键▤，打开功能菜单，选择"搜索"选项，会弹出搜索栏，输入邮件中的关键字可以快速地查找邮件❽。

在邮件列表中按菜单键▤，打开菜单，选择"更多"选项里的"设置"选项。在弹出的设置界面❾里可以对邮件的参数进行设置，如签名、字体等。这样就可使用户随时随地即时处理邮件。

5.6 91手机助手

91手机助手是由网龙公司开发，由网龙的无线事业部独立研发制作的一款PC端使用的智能手机第三方管理工具，它拥有美观的界面和方便的操作，为一直以来智能手机没有方便的配套PC端使用工具提供了一套完美的解决方案，给用户带来全新的操作体验。

5.6.1 91手机助手PC端安装

如同其他电脑软件一样，91手机助手的安装也是非常简便的，只需要简单地下载安装就可以让你的手机与电脑同步。

在91手机助手的官方网站上下载软件，执行安装文件进入安装确认画面❶，选中"我同意91授权许可协议"复选框，单击"下一步"按钮继续进行安装。

进入"选择目标位置"界面❷，这里默认的安装位置是在C盘下，也可以单击右侧的"浏览"按钮，自行选择安装位置，之后单击"下一步"按钮。

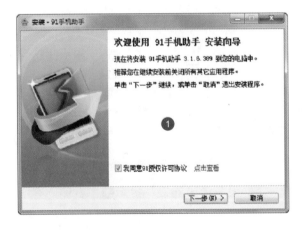
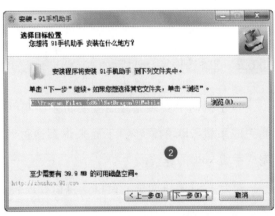

进入"选择附件任务"界面，选择"附加快捷方式"❸之后单击"下一步"按钮继续安装。

进入"准备安装"界面，界面中间列出了之前设置的信息供用户确认❹，可以单击"上一步"按钮进行修改，确认设置无误后单击"安装"按钮进行安装。

进入"正在安装"界面❺，系统会自行安装，同时界面中间会有进度条出现，以显示安装进度。

经过数分钟的安装等待，系统将进入安装完成界面❻，用户可以决定是否立即运行，选择后单击"完成"按钮完成91手机助手的安装。

启动91手机助手，就会进入软件界面❼。

5.6.2 联机到91手机助手的方法

91手机助手安装完成后就要将手机与PC相连接才能完成手机与PC的同步。下面来讲解通过91手机助手完成手机与PC的连接。

打开"91手机助手"窗口，可以在左侧看到"您的设备尚未连接"提示❶，右侧则有所支持的设备列表，可以查看91所支持的设备。

利用手机的USB数据线将手机与PC相连，单击"刷新"按钮会列出搜索到的设备❷。

单击搜索到的设备即可进入连接状态 ❸。

软件界面的左侧出现了所连接设备的信息 ❹ 即表示连接成功。

如果没有数据线，可以尝试使用WiFi连接，在界面下方 ❺ 提供了WiFi连接方式，可以通过无线网络连接PC与手机。

单击WiFi连接，打开WiFi连接界面，在界面左侧 ❻ 输入相应的手机验证码进行连接，这样手机和PC间的无线连接也就建立完成了。

5.6.3 使用91手机助手进行资料同步

手机同步软件最初的应用目的就是将手机里的资料（如通讯录、短信息等）同步到PC上以防手机的损坏或丢失为用户带来不必要的损失，随着手机操作系统的大幅度升级，手机和PC间可同步的资料种类也越来越多，如音乐、图片、应用程序等，资料同步方法也变得越来越简便。

利用91手机助手将PC和手机相连 ❶。

在界面右下侧 ❷ 可以找到一排快捷工具，单击相应的按钮可以快捷进入相应的功能界面。

单击右上角的"功能大全"按钮，打开

91手机助手的"功能大全"界面❸，在界面中列有"资料管理"和"91工具箱"两项。

该界面提供的功能主要是由PC端操控手机端，利用PC来完成手机上诸如管理联系人、设置日程管理等工作。可以看到手机助手提供了更全面的日程管理系统，完全实现在PC端编辑手机端的数据。

在"91工具箱"下面，可以看到"备份/还原"工具❹，也就是备份手机资料的工具。

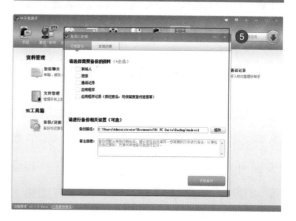

在"备份/还原"界面❺中可以选择需要备份的资料、备份的路径和备份信息。

单击"开始备份"按钮即会弹出提示框❻，提示框会显示备份的进度。

单击"本地还原"标签会切换到"本地还原"选项卡❼，界面中会列出本地已备份过的数据，在右侧可以选择需要还原的数据项。

单击"选择其他备份"按钮会弹出"打

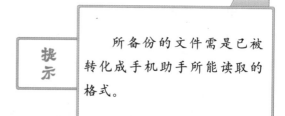

提示

　　所备份的文件需是已被转化成手机助手所能读取的格式。

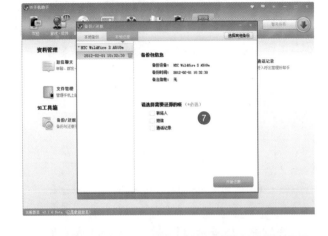

开"对话框❽，可导入其他备份数据。

5.6.4　使用91手机助手安装程序

　　91手机助手不但可以同步手机的资料，还可以管理手机上的应用程序，安装、升级、卸载全部由鼠标完成，完全实现软件自动安装，程序管理一目了然。

　　单击菜单栏中的"游戏 软件"按钮即可进入"游戏 软件"界面❶。

　　界面左侧❷列出了各种软件分类，有已安装的软件、电脑上的软件和网络资源。

　　单击一款需要使用的软件，进入软件的

介绍界面❸，里面提供了软件的截图、大小以及文字介绍，单击"立即安装到手机"按钮即可安装到手机。

在软件下载安装过程中，界面右上角会有下载进度提示❹出现。

软件下载完成自动进入安装，单击⊙按钮会弹出"任务管理"界面❺，在其中可以看到正在进行的任务。

在"游戏 软件"界面的左侧列表中选择"用户软件"选项。右侧会有用户软件列表❻出现，列表中有名称、评分和版本等信息。

选择"系统软件"选项会在右侧列出系统自带的应用程序❼，可以查看到软件的版本和安装路径。

在"软件升级"界面❽中提供了手机已安装程序的升级列表，软件有没有更新，将手机连接上91手机助手就能知道。

选择"电脑上的软件"下方的"软件库"选项，会在右侧⑨列出电脑中所下载的软件，相应软件的右侧会有"安装"及"升级"按钮。

5.7 豌豆荚手机精灵

"豌豆荚手机精灵"是一款安装在电脑桌面上的软件，把手机和电脑连接上后，可通过"豌豆荚手机精灵"在电脑中管理手机中的通讯录、短信、应用程序和音乐等，也能在电脑上备份手机中的资料。此外，可直接一键下载优酷网、土豆网、新浪视频等主流视频网站视频到手机中，本地和网络视频自动转码，传到手机中就能观看。

5.7.1 豌豆荚PC端安装

豌豆荚手机精灵的安装非常简便，安装文件本身也比较小，方便下载与安装。

在豌豆荚手机精灵的官方网站下载豌豆荚手机精灵下载器，运行下载器文件会自动进入在线下载界面❶。

下载完成后自动进入安装界面❷，单击"下一步"继续进行安装。

进入"许可证协议"界面❸，单击"我接受"按钮继续进行安装。

进入"选择安装位置"界面❹，软件默认安装在C盘，用户可以单击"浏览"按钮选择安装位置，单击"下一步"按钮继续安装。

进入"附加任务"界面❺，在界面中用户可以自行选择创建快捷方式的位置以及两个豌豆荚辅助功能。选择后单击"安装"按钮。

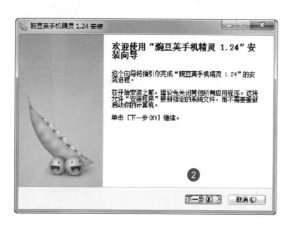
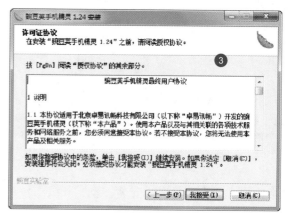
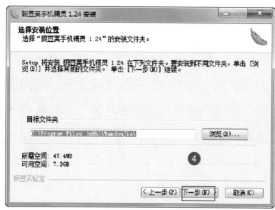
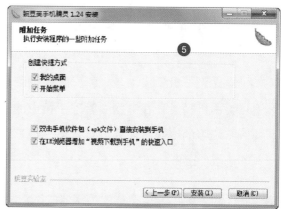

进入"正在安装"界面❻，界面中提供了软件安装的进度和安装详情。

安装完成后可以选择是否立即运行豌豆荚❼。这样豌豆荚手机精灵就安装完成了。

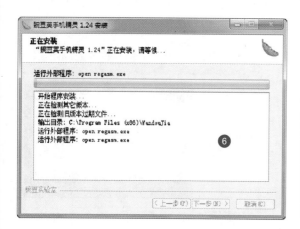
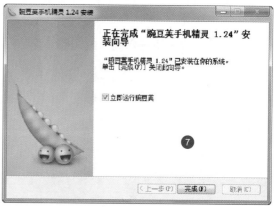

5.7.2　通过豌豆荚连接PC和手机

　　豌豆荚中提供非常详细的USB连接向导，方便用户自行建立连接，除了USB连接方式外，豌豆荚还提供了简便的WiFi无线联机方式，去除了数据线的束缚，使连接更便利。

　　运行豌豆荚手机精灵进入欢迎画面，右边提供了两种联机方式的操作选择❶。

　　将手机通过USB数据线连接到PC上，此时豌豆荚会自动识别手机。单击"连接"按钮❷进入建立简介步骤。

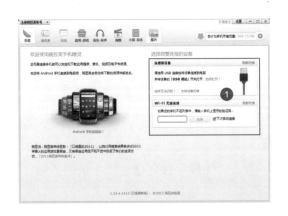 

　　进入连接向导❸，提示打开"USB测试"开关，按照界面上说明对手机进行设置后，单击"下一步"按钮。

　　进入准备安装驱动界面❹，黄色部分标注出需要注意的事项"驱动安装工程中，请不要插拔手机"。

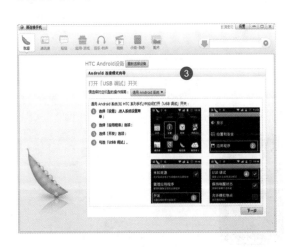 

　　进入驱动安装界面❺，这里显示驱动安装的进度。

安装驱动过程中的提示界面❻，里面会提示通过防火墙的认证的方式。按照操作说明操作并进入下一步。

完成了驱动的安装，软件会提示安装豌豆荚守护精灵❼，这款是用于手机端的应用，通过手机端的豌豆荚守护精灵实现USB与WiFi两种形式的连接。

完成了豌豆荚驱动和豌豆荚守护精灵的安装后，单击"完成"按钮❽进行手机的连接。

驱动安装完成后进入连接手机后的欢迎画面❾。这样就完成了利用豌豆荚手机精灵连接电脑的设置。

5.7.3 用豌豆荚管理应用程序

不要觉得豌豆荚手机精灵文件体积小，用"麻雀虽小五脏俱全"形容豌豆荚再合适不过，手机资料备份，通讯录、短信、应用程序、音乐铃声、视频、小说杂志等管理与下载功能一个不少，最为出色的要数应用程序管理功能，除了自身手机程序管理外，还有多个电子市场的软件支持下载，可谓是个大型软件市场的合集。

利用豌豆荚将手机与电脑连接，进入豌豆荚手机精灵的应用游戏界面❶。

在界面左侧显示的为应用程序的分类，选择"已安装程序"选项，在右侧❷可以看到手机中安装的程序。如果软件有新版本会列出升级提示。

> **提示**　可以将要升级或要卸载的软件选中，利用软件列表上方的相应功能按钮执行批量的删除、升级或是导出操作。

在左侧列表中选择"可升级的应用"选项，可在右边单独列出所有需要升级的应用程序❸，如同在已安装应用中的操作一样进行升级。

选择"应用搜索"选项组中的"全部应用"选项，可以看到非常详细的应用分类❹。

单击任意应用下方的"安装"按钮开始安装。豌豆荚软件右上方显示的为软件的下载及安装进度❺。

在豌豆荚"应用搜索"下方❻还提供了很多支持豌豆荚的市场可供选择，如应用汇、安智市场、爱米软件商店等。

<table>
<tr><td>提示</td><td>软件市场中的软件与应用搜索中的软件安装/卸载方法相同。</td></tr>
</table>

单击任意软件的图标进入软件介绍界面❼，界面中左上方提供了软件的截图，中间为软件参数的介绍，右侧为软件的二维码，下方是软件介绍。

<table>
<tr><td>提示</td><td>二维码是一种由特定的集合图形分黑、白两色记录数据信息的条码，利用二维码识别程序可以转换为直观视觉信息。</td></tr>
</table>

第6章 Android手机的多媒体应用

多媒体在手机上指的是照相机、播放器、图片浏览器等功能，这些功能陪伴着用户的业余、娱乐等时光，为用户带来另一种体验。

6.1 随身看影视

在公车上、在旅途中、在闲暇时、在无聊发呆的时候，Android影片播放器可以丰富你的视界，让你畅游在影视的天地中。

6.1.1 播放器的使用方法

Android系统内置的视频播放功能非常简单易用，一目了然的操作面板，实用的播放功能，简约而不简单。

轻点桌面上的菜单按钮，进入"全部应用程序"界面，轻点"视频"按钮❶。

进入"所有视频"界面❷，这里提供了视频的预览图，下方显示了常用的按钮，和相册模式中的相同。

轻点视频的缩略图即可进入视频播放界面❸。

轻点下方的自适应按钮▭❹，可以切换播放文件适应屏幕或者使用视频。

技巧   将手机横置，即可进入横屏播放模式，这样可使视频更加美观清晰。

在视频播放界面⑤下方的中间位置显示的是视频播放进度条，其左侧的时间为当前播放时间，右侧的时间为视频全长时间，拖动时间滑块可以选择视频播放的时间位置。

位于最右侧的按钮为"播放/暂停"按钮⑥。

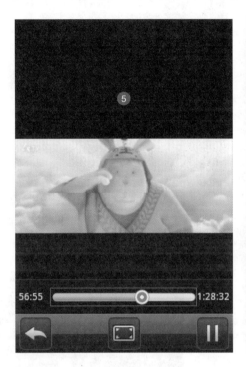

6.1.2 DIY视频

想留下美好的片段，快乐的时光，摄像功能帮您轻松实现。下面来看看Android手机的摄像功能吧！

轻点桌面上的菜单按钮，进入"全部应用程序"界面。轻点"摄像机"按钮①。

进入视频界面②，可以看到和照相界面大致相同，但摄像界面只支持横屏拍摄。

横置屏幕的左侧为手动变焦滑动条③。屏幕的右侧是与照相功能类似的按键④，中间为拍摄键，由上到下分别为"模式切换"按钮、"闪光灯控制"按钮、"特效

设置"按钮 和"媒体库"按钮 。

　　轻点菜单键 将弹出"设置"菜单⑤，从中可以对拍摄效果及分辨率进行设置。

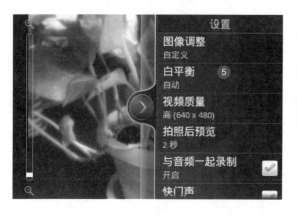

> 提示
>
> 　　菜单的详细介绍请参看本章"6.3.2 探秘照相机菜单"中的内容。

　　轻点"特效设置"按钮 ，左侧会弹出效果集，轻点相应的效果⑥，则拍摄时会启用该效果进行拍摄。

　　拍摄完成后再次轻点拍摄键 结束拍摄，系统将自动进入预览界面⑦，右侧显示了常见的四个功能键，由上到下分别为

"继续拍摄"、"删除"、"分享"、"播放预览"。

　　轻点"媒体库"按钮 ，进入视频预览界面，按菜单键 后在弹出的菜单⑧中可以进行"设置为收藏夹"及查看"详情"操作。

　　选择"详情"选项，弹出"详细信息"界面⑨，其中显示了视频文件的相关信息。查看信息可得知视频的存储位置以及文件的大小和时长，从而进一步对视频进行编辑，这样就完成了视频的拍摄。

6.2 享受美妙音乐

美妙的音乐总能令人心旷神怡，Android音乐播放器有着人性化的操作界面，再加上唯美的音质，足以吸引你的耳朵！

6.2.1 播放音乐

Android系统的音乐播放操作非常便捷，双音乐切换方式、专辑封面预览方式以及锁屏下的音乐切换操作都非常简便，即使不用线控也能简单地切换音乐。

轻点桌面上的菜单按钮，进入"全部应用程序"界面，轻点"音乐"按钮❶。

进入音乐播放界面❷，可以看到音乐专辑的封面。

在专辑图片的下方显示了音乐的名称、作者及专辑名称❸；中间的时间条左侧显示了当前播放的时间，右侧显示了音乐的总时间。

音乐播放界面的下方中间为音乐播放的控制按钮❹，最左端的为"音乐分类列表"按钮，最右端的为"正在播放列表"按钮。

轻点手机的菜单键▤，可打开音乐菜单❺，这里显示了与音乐相关的属性。

选择"更多"选项中的"详情"选项进入音乐的"属性"界面❻，在该界面中可以看到音乐的更多信息。

6.2.2 编辑播放列表

就像每张光盘是一个专辑一样，Android系统中也提供了音乐分类功能，不同的是用户可以自己选定放在同一播放列表里的音乐，自由地进行编辑。

轻点桌面上的菜单按钮，进入"全部应用程序"界面，轻点"音乐"按钮❶。

进入音乐播放界面，轻点音乐播放界面左侧的"音乐分类列表"按钮❷。

进入"播放列表"界面后选择界面下方的"播放列表"按钮◉❸，进入"新建播放列表"界面。

轻点上方"添加播放列表"按钮，然后输入播放列表的名称。

轻点"添加歌曲到播放列表"按钮❹，进入"选择音乐曲目"界面❺，从中选择需要添加到播放列表中的曲目。

选择音乐后轻点"添加"按钮返回到"新建播放列表"界面，在这里可以随时移除已添加的音乐，编辑好后轻点"保存"按钮❻，完成播放列表的编辑。

完成保存后可在"播放列表"界面❼中看到新建的播放列表。

轻点建立的播放列表，进入"新建播放列表"界面，在其中可以看到播放列表中的

音乐❽。在界面中按菜单键▤将会弹出编辑播放列表的选项❾。

轻点列表中的音乐，即可在音乐播放界面❿中进行播放。

6.2.3　切换播放模式

执著地想听某一首歌，又或者厌倦了那种单调的播放模式，只需切换一下Android手机音乐播放器的播放模式。

轻点桌面上的菜单按钮，进入"全部应用程序"界面，轻点"音乐"按钮❶。

进入"正在播放"界面❷，可以看到"随机"和"重复"两个按钮，灰色表

示未启用。

轻点"随机"按钮之后按钮会变亮，同时下方会出现"随机播放打开"的提示❸。

轻点"重复"按钮之后按钮会变亮，同时下方会出现"重复播放所有歌曲"的提示❹。

　　轻点"重复"按钮之后按钮会变亮并显示为 ，同时下方会出现"重复播放当前的歌曲"的提示❺。

　　用户也可以通过按手机上的菜单键 ，弹出音乐菜单❼，在菜单中可以看到"开启/关闭随机播放"按钮和"更多"按钮。

　　再次轻点"重复"按钮之后按钮会变亮并显示为 ，同时下方会出现"重复播放关闭"的提示❻。

　　轻点"更多"按钮可以打开更多选项，选择"重复"选项❽。

弹出"重复"菜单❾，用户可以在此选择重复的方式，轻点相应选项即可应用。

6.2.4　详解音乐菜单

Android系统中各种功能的关联都比较强，在音乐菜单中更是如此，菜单中实用的设置可以让用户非常简单地将音乐设置为铃声或分享给自己的好友。

轻点桌面上的菜单按钮，进入"全部应用程序"界面，轻点"音乐"按钮❶。

进入音乐播放界面，按手机上菜单键▤，弹出音乐菜单❷。

轻点"添加到播放列表"图标，可以进入"选择播放列表"界面❸。

轻点"查找视频"图标，进入YouTube视频搜索界面❹，这里可以直接搜索到与音乐相关的视频文件。

轻点"共享"图标，会弹出"共享方式"菜单❺，用户可以从中选择适合自己的方式进行音乐共享操作。

轻点"设为铃声"图标，在弹出的"设为铃声"菜单⑥中选择设为电话铃声或联系人专属的铃声。

轻点"更多"图标，系统将弹出"重复"和"详情"两个属性⑦。选择"重复"选项即可设置重复播放的方式。

选择"详情"选项可以打开歌曲的详细菜单⑧，这里列出了歌曲的全部信息。

6.3 留住精彩片段

照相机已经成为了生活中不可或缺的设备，可以记录每个精彩瞬间，Android系统的相机功能及相机菜单都非常完善，具备了基础数码相机的全部功能。如果用户不满足于静态的照片，Android还提供了同样强大的影音摄像功能，同样简便的操作界面，让用户无论是拍照还是摄像都得心应手。

6.3.1 拍照方法

Android系统的拍照相当简单，适合大部分人群使用，只需要简单的操作就能留住身边的每一刻。

轻点桌面上的菜单按钮，进入"全部应用程序"界面，轻点"相机"按钮❶。

进入拍照模式，屏幕上方提供了变焦的功能滑块，下方中间快门图标❷可以进行

照片的拍摄，由左至右分别为"相册"、"特殊效果"、"闪光灯"、"模式切换"。

有自动对焦功能的手机可以轻点屏幕上需要对焦的位置，系统会出现白色提示框❸，并进入自动对焦状态，待白色框变为绿色自动对焦就完成了。

轻点快门图标进行拍照，拍照后会进入预览模式❹。这样照片就拍摄成功了。

6.3.2 探秘相机菜单

Android系统的拍照功能可谓是非常全面的，菜单也很人性化，所有相机中涉及的效果均有包含，面面俱到。

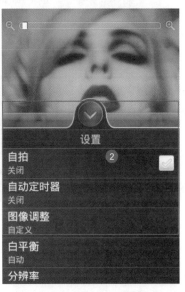

轻点桌面上的菜单按钮，进入"全部应用程序"界面，轻点"相机"按钮❶。

进入拍照模式后，按菜单键，在弹出的菜单中可以看到拍摄的相关设置❷。自拍——可以利用手机后置的摄像头进行自拍；自动定时器——设置延时拍摄；图像调整——调整图像的色相饱和度；白平衡——可以设置灯光效果。

分辨率——可以设置照片的分辨率；ISO——感光度调节；拍照后预览——设置拍照后的预览时间；宽屏——设置3:2或者4:3的屏幕显示。

地理标签照片——为照片添加地理信息；自动增强——增强画面的效果；自动对焦——自动识别主体的位置进行对焦；面部识别——自动识别人脸进行对焦。

快门声——在拍照时发出拍照音；网格——在取景界面显示网格；重置为默认值：即将所有设置恢复为默认值。

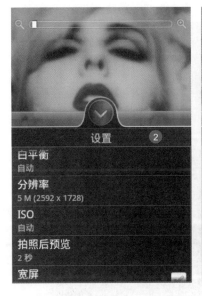

选择"图像调整"选项❸，进入"图像调整"界面，里面可以设置图像的"锐度"、"饱和度"、"对比度"、"曝光"。

进入"分辨率"界面❺，里面提供了4种分辨率级别，方便用户根据个人需求进行更改。

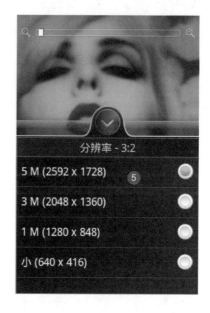

进入"白平衡"❹界面，里面提供了多种环境光源的选项，可以通过实际情况自行调节。

进入"拍照后预览"界面❻，在这里可以设置拍摄后预览拍摄照片的时间。

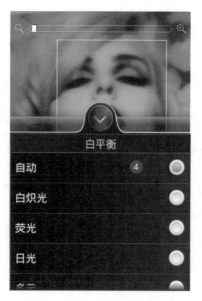

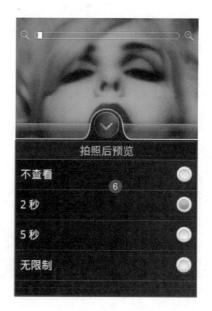

轻点快门左侧的"效果"按钮 █，并选择底片效果❼，可以简单地进行相应设置。

6.4　掌阅美好片段

珍藏美妙的瞬间，把握精彩的时刻，美好总是被留在图片中，Android图片浏览帮你分享这份美好。

6.4.1　图片的浏览方式

Android系统的浏览方式非常简单易用，传统的横向滑动浏览方式，使用户易于上手。

轻点桌面上的菜单按钮，进入"全部应用程序"界面，轻点"相册"按钮❶。

进入"相册"界面❷，在其中可以看到相册的分类。

> 提示　相册中自己下载的图片文件可以通过前面介绍的同步PC工具进行存放，系统会自动选择存储文件夹。

进入相机拍摄分类，在其中可以看到相机拍摄的相片缩略图❸。下方的四个按钮❹

分别为"回到分类列表"按钮▤、"分享"按钮▼、"删除"按钮▮和"拍照"按钮◙。

轻点照片进行浏览，照片将会适应屏幕尺寸显示，轻点屏幕后下方会出现对照片进行操作的按钮❺。

轻点下方的魔术棒图标❖，会弹出"编辑照片"菜单❻，这里可以对照片进行简单的编辑。

进入"编辑照片"的"特效"界面，可以从上方的效果中看到照片添加效果后的缩略图❼，轻点效果即可看到全图的特效，轻点"保存"按钮后可以保留照片特效。

在单张照片浏览界面❽，利用二指开合的操作可以放大和缩小照片。

在照片列表中轻点"删除"按钮▮，进入"选择要删除的项目"界面❾，在界面中

通过选择要删除的图片后，轻点下方的"删除"按钮可进行删除照片的操作。

6.4.2　分享图片

抓住了美好的瞬间更要乐于分享，Android系统内置的分享功能非常强大，只要你有网络，只要你愿意晒出你的精彩，Android将会给你"无线"可能。

轻点桌面上的菜单按钮，进入"全部应用程序"界面，轻点"相册"按钮❶。

进入"相册"界面，在下方有两个快捷图标 、 ❷，分别为国外的社交网站，登录后可以进行分享。

在弹出的"共享方式"菜单❹中可以看到很多的社交网站以及邮箱和蓝牙的列表，用户可以从中选择分享的方式进行分享。

进入分类的相册❸中，轻点下方显示的"分享"按钮 可以分享列表中的照片。

选择一种共享方式（这里使用了Gmail方式），进入选择界面❺，根据上方的提示"选择单个或多个项目"，选择后轻点"下一步"按钮。

进入邮件撰写界面❻，输入收件人、主题等，可以在附件出看到所选择的照片名称。编辑好后轻点"发送"按钮，分享照片就这样简单地完成了。

第7章 丰富的生活娱乐应用

Android系统的电子市场为用户提供了海量的应用，这些应用涉及用户身边的方方面面，这种锦上添花的应用将用户的生活点缀得丰富多彩。

7.1　学习娱乐

随着数字时代的来临，人们的生活变得更透明化、便捷化。只需要简单的网络搜索就能知道相关的问题，交通出行、购物指南、网络购物等已经和网络密不可分。Android系统的电子市场中提供了大量的学习娱乐类软件，可以照顾到用户身边的方方面面。

7.1.1　有道词典

有道词典是非常知名的翻译软件，它拥有多语种发音功能，集成中、英、日、韩、法五种语言专业词典，切换语言环境，即可选择多国语言轻松查询，还可跟随英、日、韩、法多语言发音学习纯正口语。

在电子市场下载并安装有道词典，在连接网络的环境下轻点桌面上的菜单按钮，进入"全部应用程序"界面，轻点"有道词典"按钮❶。

首次进入"有道词典"界面时会出现服务条款❷，阅读后轻点"接受"按钮即可。

进入"有道词典"主界面❸，界面上方提供了有道词典的常用功能。

按手机上的菜单键可以打开菜单❹，可以在菜单中找到有道词典的更多功能。

轻点"选项"图标,进入界面❺,用户可以进行一些基本的设置。

在文本框中输入需要查询的单词,下方即会列出相关搜索列表❻。

轻点任意搜索到的单词即可查看该单词的详细内容❼,其中列出了该单词的音标、释义、语法等,右上方有两个按钮 📇 和 🔊,分别是添加"单词本"按钮和"发音"按钮。

轻点 ⒶⒷⒸ 图标,可以选择互译环境❽,其中排列出几种互译方式。

轻点"百科"图标,进入该功能界面❾,用户可以查看该单词的百科释义。

轻点"翻译"图标可以进入翻译界面❿,只需要在文本框中输入需要翻译的内容,然后轻点 🔍 按钮即可,也可以使用语音输入内容进行翻译。

单词本记录的是用户搜录的单词，类似于平时用的笔记⑪。

按手机上的菜单键会弹出功能菜单⑫。

轻点"设置"图标，进入"单词本设

置"界面，可以对单词本的功能进行一些基本设置⑬。

轻点"复习计划"图标会弹出"复习计划"对话框⑭，轻点"马上制定"按钮即可创建复习计划。

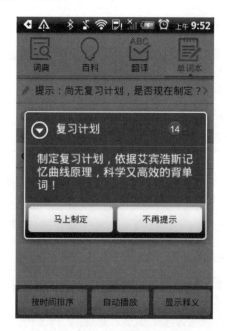

7.1.2　随身的手机电视

　　还在为家里与家里人争一台电视看而烦恼吗？现在只需要简单地下载安装"手机电视"就可以在网络上欣赏好看的电视节目，赶快下载将自己的手机变为电视机吧！

　　在电子市场下载并安装土豆FM手机客户端，在连接网络的环境下轻点桌面上的菜单按钮，进入"全部应用程序"界面，轻点"土豆FM"按钮❶。

　　进入"手机电视"的网络接入界面❷，由于视频文件较大，手机电视只支持WiFi和3G网络进行接入。

　　进入手机电视的主界面❸，界面中提供了推荐视频频道，上方显示的为常用工具，最下方显示的为频道分类。

　　轻点频道图标进入频道读取界面❹，此界面右下角显示出频道的载入百分比，轻点左上角显示的"返回"按钮可以返回到主界面。

　　待载入完毕将进入频道播放界面，上方显示频道的名称和全屏按钮，下方显示了播放操作按钮和声音控制滑块❺。

轻点"签到"或"分享"图标将视频分享到"新浪微博"或"腾讯微博"⑥。

轻点"收藏"图标，可以将当前频道收藏到用户收藏夹中⑦。

轻点"所有频道"图标可以在频道播放界面⑧查看播放频道，在当前频道直接进行频道切换。

轻点主界面上方的放大镜图标，进入视频搜索界面⑨，这里可以快速搜索到想看的频道，有了这些功能手机电视比普通电视还要方便。

7.1.3　MoboPlayer播放器

当今Android手机平台最好的播放影片最流畅的视频播放软件当选
MoboPlayer播放器。

在电子市场下载并安装MoboPlayer手机客户端，在连接网络的环境下轻点桌面上的菜单按钮，进入"全部应用程序"界面，轻点"MoboPlayer"按钮❶。

进入MoboPlayer界面，首次运行时界面中显示了程序的操作方法❷。

轻点"跳过"按钮进入应用的主界面，屏幕中间可以选择扫描手机上文件的方式❸，下方提供了快捷按钮："浏览文件"、"排列顺序"、"播放"、"刷新"、"更多"。

扫描完成后即可在屏幕中间❹看到扫描出的文件。

 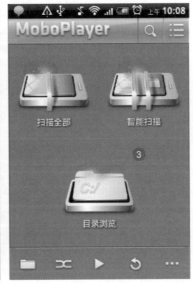 

按住任意视频不放，两秒之后会弹出视频操作菜单❺，可以选择"重新播放"、"删除"、"属性"、"软解播放"、"播放列表"和"重命名"。

轻点视频文件进入播放界面，界面中上方提供了手机的电量和时间信息，下方有可以控制视频播放的传统按钮❻。

在视频界面中可以按手机的菜单键，屏幕中会出现"屏幕已经被锁定，解锁请按Menu键"的提示❼，此时碰触屏幕不会有任何反应，以免误操作。

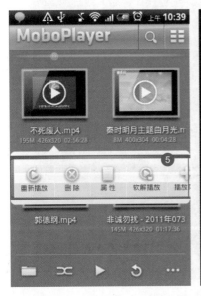 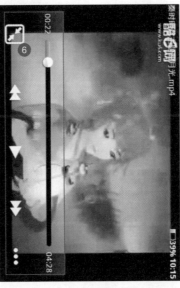 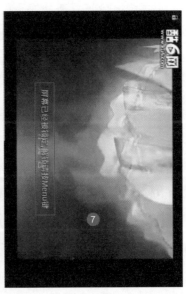

拖动时间滑块可以调整视频播放位置，在滑动时间滑块时屏幕上方❽会显示所滑动到的时间。

在主界面轻点下方的"排序"按钮❥，在"排序"菜单❾中可以看到非常丰富的排序方法。

选择"更多"选项会弹出更多的控制按钮❿，可以修改背景色，查看播放列表等。

选择"设置"选项进入设置界面⓫，这里可以设置浏览器的全部属性，各个方面都有设置，合理的设置能够让MoboPlayer更符合用户的需求。

7.1.4　豆瓣电台

豆瓣电台是豆瓣网旗下的一个音乐播放界面，Android系统下也有类似的豆瓣FM软件。豆瓣电台是基于算法推荐的网络音乐播放产品。它基于豆瓣庞大的用户数据，通过判断用户在播放时的操作行为，为用户推荐他可能感兴趣的曲目。

在电子市场下载并安装土豆FM手机客户端，在连接网络的环境下轻点桌面上的菜单按钮进入"全部应用程序"界面，轻点"土豆FM"按钮❶。

进入豆瓣FM界面，上方显示了所在的频道❷，中间显示为当前播放歌曲的专辑封面及名称，下方显示了音乐操作按键。

轻点"全部频道"图标，进入界面❹，可以设置收听的频道，频道按照语言来划分。

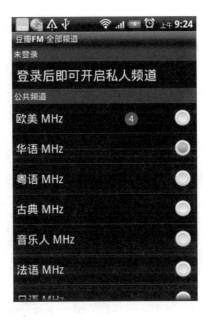

按手机上的菜单键▤，打开豆瓣FM菜单❸，其中包含了"全部频道"、"设置"、"账号登录"、"关闭"。

频道的切换也可通过在主界面左右滑动上方的频道名称❺实现。

轻点"设置"图标进入"豆瓣FM设置"界面❻，界面中可以设置豆瓣FM的网络及播放参数。

轻点"账号登录"图标可以进入登录界面❼，输入在豆瓣网上注册的账号，或者选择用新浪微博的账号进行登录。

主界面❽下方的红心标志▮是豆瓣FM独有的设置，通过标注红心可以在登录后的私人频道中收听同类型的歌曲，这也就是豆瓣FM能猜到用户喜好音乐的秘密。

用户登录后可以在"私人频道"❾中播放豆瓣根据红心标注推荐的歌曲，轻点下方的垃圾桶图标▮可以设置将歌曲永久移除播放。

7.1.5　美图秀秀打造炫美照片

　　美图秀秀号称国内最好用的图片处理软件，它集拍照、照片美化、照片处理和拼图于一体。裁剪、调色、背景虚化、特效、边框、文字添加应有尽有，并提供三大拼图模式。在网络应用上，不再是一些国外的网络应用程序，因为这些应用有些在国内是没法使用的。根据国内流行特点，提供新浪微博、人人网和腾讯微博时时分享，将照片处理及分享做到极致，方便与大家分享你的精彩生活！不过拍照使用的是手机内置相机，所以功能较单一，不适合拍摄照片使用，但作为美化照片，却是非常强大，拥有美图秀秀将让你的照片更加迷人，分享更加方便快捷。

　　在主屏幕上轻点"美图秀秀"应用程序图标进入美图秀秀主界面。

　　美图秀秀主界面中，提供了两大实用功能：美化照片❶和拼图❷。轻点任意一个按钮，即可进入相应的界面。

　　对于初次使用该应用的人来说，美图秀秀还为用户提供了简单的说明书，轻点"说明书"按钮❸，即可打开"说明书"界面，可以帮助用户快速上手。

　　轻点"设置"按钮❹，将打开"设置"界面，可以对美化照片大小及分享账号进行设置。

> **提示**　在设置美化照片大小时，小图或中图可以加快处理速度，如果选择大图，则处理速度会慢一些。

这些账号即平时在网站上使用的账号，如要设置新浪微博，可轻点新浪微博右侧的"登录"按钮❺，打开"分享新浪微博"对话框。

在"账号"文本框中输入自己的账号，在"密码"文本框中输入密码❻，轻点"登录"按钮❼即可设置成功。

设置成功后，将显示出微博名称，"登录"按钮将变成"注销"按钮❽，轻点"注销"按钮可以将其注销。

账号设置完成后，在拼图或美化照片后，就可以利用分享功能让其直接上传到设置的微博上了，当然，如果在这里没有设置账号，在分享时也会弹出登录对话框提醒设置账号和密码。

拼图主界面

在美图秀秀主界面中轻点"拼图"按钮❶，即可进入拼图主界面。

美图秀秀为用户提供了3种拼图模式❷，分别是模板拼图、自由拼图和图片拼接。轻点不同的标签即可进入不同的拼图界面，但在用法上基本相同。

如果不想拼图，轻点左上角的"首页"按钮❸，可返回到拼图主界面。

如果要进行拼图，轻点"添加图片"按钮④，即可进行拼图处理。

拼图完成后，拼图效果将直接显示在桌面上，此时右上角的"保存与分享"按钮⑤将被激活，轻点该按钮即可切换到保存和分享界面，以进行照片的保存或分享处理。

模板拼图

在拼图主界面中确认位于"模板拼图"选项卡中，轻点"添加图片"按钮①，将打开"选择相册"界面。

轻点任意相册②，即可进入相应的相册界面中，该界面的上方显示了相机拍摄的所有照片。

轻点需要拼图的照片，即可在屏幕的下方看到添加的照片效果。最多可添加9张照片。

轻点图片左上角的"关闭"按钮③，可以将该照片删除出拼图。

轻点"开始拼图"按钮④，即可进入拼图编辑界面进行编辑拼图了。

轻点左右两侧的箭头❺，可以切换不同的拼图版式，也可以直接摇晃手机来切换版式。

使用两指张合可以调整照片的大小，单指滑动可以移动照片的位置。

长按一个照片，当照片颜色变暗时，将其拖动到其他照片位置，可以交换这两张照片的位置。

在照片上轻点，该照片周围会出现红色边框❻，并将弹出照片编辑功能列表❼。

通过该列表可以旋转、翻转或替换照片，然后轻点"关闭"按钮即可将其关闭。

轻点"选择边框"按钮❽，将打开"边框列表"界面，美图秀秀为用户提供了多达27种边框。

只需轻点需要的边框❾即可将该边框应用到拼图中❿，非常方便。

如果想中途添加或删除照片，轻点"添加/删除"按钮⓫，并根据提示返回到"选择相册"界面中添加或删除照片即可。

编辑完成后，轻点右上角的"保存与分享"按钮⓬，将打开"保存与分享"界面。

轻点"保存到相册"按钮⓭，即可将拼图保存在相册中，当然也可以轻点下方的任意一个按钮，将照片分享到网络上，如果前面没有设置账号和密码，将会弹出一个提醒对话框⓮，提醒输入自己的账号和密码，登录后即可上传照片了。

自由拼图

自由拼图最大的特点是可以按自己喜欢的方式排列照片，并可以选择自己喜欢的背景。在拼图主界面中，轻点"自由拼图"选项卡❶，轻点"添加图片"按钮❷，将打开"选择相册"界面。

选择某个相册选项❸，即可进入"相机胶卷"界面中。

> 提示
>
> 不管是拼图还是美化照片，照片的保存与分享用法是相同的，在以后的讲解中，将不再提示这些功能。

轻点需要拼图的照片，即可在屏幕的下

方看到添加的照片效果。

轻点"开始拼图"按钮❹，即可进入拼图编辑界面进行编辑拼图了。

轻点左右两侧的箭头❺，可以切换不同的拼图版式，摇晃手机也可以切换拼图版式。

使用两指张合和旋转可以调整照片的大小和角度，单指滑动可以移动照片的位置。

轻点某张照片，可将该照片排到其他照片前面；手指双击照片可以放大该照片。

轻点"选择背景"按钮❻，将打开"选择背景"界面。

除了纯色背景和图片背景外，轻点"自定义背景"按钮❼，可以从手机"相册"中选择
照片以自定义背景。

图片拼图

　　图片拼图就是利用图片自身进行拼图，可以为其添加边框。在拼图主界面中，轻点"图
片拼图"选项卡❶，在该选项卡中轻点"添加图片"按钮❷，将打开"选择相册"界面。

　　轻点任意相册❸，即可进入相应的"相机胶卷"界面中。

　　轻点需要拼图的照片，即可在屏幕的下方看到添加的照片效果❹。

　　轻点"开始拼图"按钮❺，即可进入拼图编辑界面进行编辑拼图了。

在拼图编辑界面中，长按一张照片，当照片颜色变暗时，将其拖动到其他照片位置，可以交换这两张照片的位置。轻点"选择边框"按钮❻可选择不同的拼图边框；轻点"添加／删除"按钮❼可管理图片，这些命令前面讲解过，这里不再赘述。

美化照片主界面

在美图秀秀主界面中轻点"美化照片"按钮❶，即可进入照片选择界面。

在屏幕的底部列出了功能列表⑥，共提供了6种功能，分别为编辑、调色、背景虚化、特效、边框和文字。

在屏幕的顶端，左侧为"撤销"按钮⑦，右侧为"重做"按钮⑧。

如果已经美化过照片，"返回上一次操作"按钮❷会处于激活状态，轻点该按钮，可以继续上次的操作。

轻点"从相册选择"按钮❸，将打开"选择相册"以指定要美化的照片。轻点"拍照"按钮❹，将进入拍摄界面进行拍照取样。

轻点"首页"按钮，可以返回美图秀秀主界面，轻点"保存与分享"按钮，将打开"保存与分享"界面❾，可以保存或分享处理后的照片。

轻点"返回首页"按钮❺，将返回美图秀秀主界面。

选择照片后，将进入美化照片主界面，

裁剪照片

　　在美化照片主界面中，轻点"编辑"按钮✂️①，将进入默认的"裁剪"界面。

　　在"裁剪"界面中，可以通过拖动四个圆形的控制点②修剪照片。

　　如果想按比例修剪照片，轻点"比例"按钮③，将弹出比例列表，轻点某个比例即可以该比例调整裁剪框修剪照片，选择"？：？"则表示不约束比例。

　　轻点"确定裁剪"按钮④，即可将照片裁剪。

　　在没有最终提交前，如果想快速将照片恢复到初始状态，轻点"重置"按钮⑤即可。

旋转照片

　　在"裁剪"界面中，轻点"旋转"标签①，进入"旋转"选项卡。

　　轻点"左旋转"按钮↩️②，可以将照片

逆时针旋转90°。

轻点"右旋转"按钮 ↻3，可以将照片顺时针旋转90°。

轻点"水平旋转"按钮 ◀▶4，可以将照片水平翻转。

轻点"垂直旋转"按钮 ⬍5，可以将照片垂直翻转。

拖动"自由旋转"滑块6，可以将照片自由旋转。

轻点"重置"按钮7，可以快速将照片恢复到初始状态。

锐化照片

在"裁剪"界面中，轻点"锐化"标签1，进入"锐化"选项卡。

拖动"锐化"滑块❷，即可调整照片的锐化程度。

不管是裁剪、旋转还是锐化，随时轻点"提交"按钮■❸即可确认编辑，轻点"关闭"按钮■❹则取消编辑。

调整照片颜色

在美化照片主界面中，轻点"调色"按钮■❶，将进入"调色"界面。

在"调色"界面中，通过拖动滑块❷，即可完成照片的调色处理。"色彩饱和度"主要用来调整照片的颜色浓度，越向右调节颜色越浓；"亮度"用来调节照片的明亮程度，越向右调节照片越亮；"对比度"用来调节照片的对比程度，越向右调节，照片越清晰颜色边界越明显。

虚化照片背景

背景虚化提供两种方式，分别为"圆形虚化"和"直线虚化"，背景虚化功能能很好地突出主体淡化配景。

在美化照片主界面中，轻点"背景虚化"按钮◎❶，将进入"背景虚化"界面。

单手指滑动，可以移动虚化位置；使用两指张合可以放大或缩小虚化区域。

拖动滑块❷可以调节过渡区域大小。其中小圆表示清晰位置，大圆则表示滤化部分，从小圆向大圆越来越虚化。

技巧　　大圆和小圆的间距越大，过渡也就越自然。

轻点"直线虚化"标签❸，在"直线虚化"选项卡中可对照片进行直线虚化处理。

单手指滑动，可以移动虚化位置；使用两指张合或旋转可以放大、缩小或旋转虚化区域。

拖动滑块❹可以调节过渡区域大小。其中中间两条线内表示清晰位置，外围的两条线则表示滤化部分，从里向外越来越虚化。

为照片应用特效

在美化照片主界面中，轻点"特效"按钮❶，将进入"特效"界面。

美图秀秀为用户提供了3组特效，分别为LOMO、影楼和时尚❷。每组特效提供7~15种特效。

在每组特效的第一个特效位置都是"原图"❸主要用来恢复照片的，例如在LOMO中应用了某个特效，现在不想使用该特效，只需要轻点"原图"即可恢复默认。

特效的应用也非常简单，只需要切换到相关的选项卡，轻点某个要使用的特效即可。例如，这里打开"时尚"选项卡❹，然后轻点"日光"特效❺，照片即添加了日光特效❻。

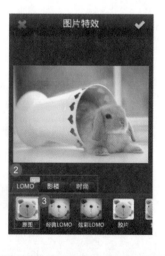

为照片添加边框

在美化照片主界面中，轻点"边框"按钮 ■❶，将进入"边框"界面。

美图秀秀为用户提供了两组边框，分别为简单边框和炫彩边框。

添加边框的方法非常简单，只需要轻点某个边框按钮即可，而且在添加其他边框时，原来添加的将自动消失，例如轻点"可爱半圆"按钮❷，为照片添加可爱半圆边框❸。

为照片添加文字

在美化照片主界面中，轻点"文字"按钮 T❶，将进入"文字"界面。

轻点"添加文字"按钮❷，将打开"编辑文字内容"界面。

在文本框中即可输入自己想要表达的语句❸，然后轻点"提交"按钮✔❹返回"文字"界面。

打开"会话气泡"选项卡❺，将弹出气泡列表，可以为照片文字添加气泡，添加后文字会自动放置在气泡中，同时气泡将显示出一个有旋转标志的控制器❻，拖动这控制器可以放大、缩小或旋转气泡，同时文字也会跟着气泡变化。

如果不想使用气泡效果，轻点气泡列表中的无按钮🚫❼即可。

打开"文字样式"选项卡❽，将弹出文字样式列表❾，在该列表中不但可以改变文字的颜色，还可以为文字添加样式，如粗体和阴影效果。

提示　添加的文字不要超出照片的大小，否则提交后超出照片的部分将被裁剪掉。

7.2 社交资讯

随着数字时代的来临人们的生活变得更透明化、便捷化。社交资讯已经与网络密不可分。Android系统的电子市场中提供了大量的社交资讯类软件，让用户做到足不出户便知天下事。

7.2.1 手机QQ

QQ是现在使用人数最多的即时通信软件，其免费的客户端和良好的通信服务是普及的关键，现在QQ的普及化正向着全年龄发展，网民一人一个或一人多个QQ号已不鲜见，手机QQ的开发更使人们能够随时登录，与Q友聊个痛快。

轻点桌面上的菜单按钮，进入"全部应用程序"界面。轻点"手机QQ"按钮❶。

启动QQ后进入登录界面❷，如同PC端的QQ一样输入账号和密码进行登录。

轻点"设置与帮助"按钮可以进入"设置与帮助"界面❹，用户可以通过右侧的按钮来进行设置。

提示

　　与PC端QQ有所不同的是提供了针对手机的静音和振动功能，同时还有为了节省流量设计的接收群消息选项。

在登录界面按菜单键▤，将会弹出菜单项"设置与帮助"和"退出"❸。

输入QQ账号和密码后轻点"登录"按钮，首次登录需要输入验证码，在下方的文本框❺里输入上方图片中的字母，然后轻点"登录"按钮。

这就是登录QQ后的界面❻，上方为你的头像和QQ名，中间是切换QQ群、好友列表和最近联系人的快捷按钮，下方是好友列表。

轻点QQ昵称可以切换出个人菜单，该菜单有"个人资料"📇、"QQ空间"⭐和"QQ邮箱"✉❼，用户可以通过轻点进入。

在QQ界面，按菜单键☰，打开QQ的快捷菜单❽，在这里可以刷新好友列表、切换帐号和退出，可以对QQ进行设置。

轻点QQ界面上的"添加"按钮➕❾可以进入添加好友界面。

在文本框❿中输入好友QQ号，轻点"查找"按钮即可在下方看到找到的好友。

轻点右侧的"添加好友"按钮会弹出提示对话框⓫，轻点"确定"按钮即可。

只要在好友列表中双击好友头像就可以进入聊天窗口⑫了。在文本框中输入聊天内容，然后轻点"发送"按钮即可进行聊天；轻点🎤可以切换为语音聊天。在文本框的下方有五个按钮："表情"☺、"照相机"📷、"图片"🖼、"绘制"✍ 和"视频"⑫，用户可以使用这些功能丰富聊天内容。

7.2.2　开心网手机端

开心网由北京开心人信息技术有限公司创办于2008年3月，是国内第一家以办公室白领用户群体为主的社交网站。开心网为广大用户提供包括日记、相册、动态记录、转帖、社交游戏在内的丰富易用的社交工具，使其与家人、朋友、同学、同事在轻松互动中保持更加紧密的联系。成立3年多以来，网站注册用户已突破一亿，已发展成为中国最领先和最具影响力的实名化社交网站。

在电子市场下载并安装开心网手机客户端，在连接网络的环境下轻点桌面上的菜单键进入所有应用程序，轻点"开心网"按钮❶。

进入开心网登录界面❷，已有开心网账户的用户可以直接登录，没有的可以注册。

轻点"注册"按钮会跳转到浏览器的注册界面❸，用户设置好账户及密码，输入了验证码之后轻点"注册"按钮。

接着画面会跳转到个人信息界面❹，用户设置了各种个人信息之后轻点"完成注册"按钮。

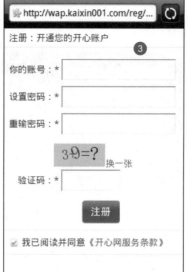

进入到开心网的主界面❺，上方是开心网的标志及关闭按钮，中间是开心网的功能选项，最下边是定位、相片及记录按钮。

在主界面按手机上的菜单键可以打开更多功能菜单❻，用户可以轻点"设置"图标更改开心网手机端的部分设置。

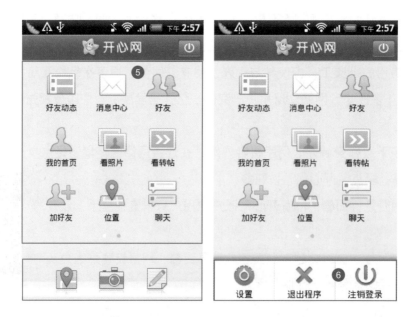

在主界面轻点"好友动态"图标可进入好友动态界面❼，该界面列出了好友在最近时段所更新的内容。

轻点好友所发布微博右侧图标🔲会弹出操作对话框❽，用户可以选择转发、评论或取消。

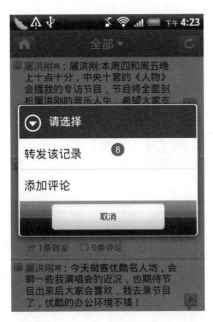

轻点"全部"右侧的下三角按钮可弹出下拉菜单❾，用户可以选择好友更新内容的类型，以达到分类查看的目的。

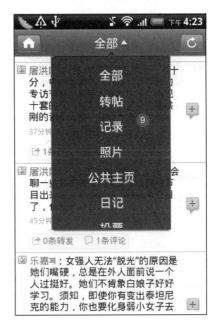

轻点"消息中心"图标可进入"消息中心"界面❿，这里根据信息的不同列出了几种分类，用户可通过轻点查看。

轻点"好友"图标可进入好友界面⓫，在最下方的切换标签上，用户可以通过切换查看"全部"、"来访"、"公共主页"。轻点相应的好友可查看好友的资料。

轻点"加好友"图标可进入"加好友"界面⓭，用户可以在文本框中输入关键字，轻点"查找"按钮来搜索好友进行添加。下方是开心网根据用户信息列出的用户可能认识的人。

轻点"我的首页"图标可进入"我的首页"界面⓬，用户可以看到用户的个人信息，下方是个人动态。

轻点"位置"图标可进入"位置"界面⓮，用户可以通过位置信息来查看"好友签到"及"附近的人"的动态等。

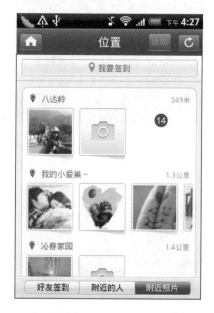

轻点"热门转帖"图标可进入"热门转帖"界面⑮查看热门的帖子，有好友转帖和热门转帖两种。通过轻点可查看帖子的详细内容。

轻点"组件"图标可进入"组件"界面⑰，这里的组件功能类似于人人移动应用中心的应用，在这里可以找到好友在玩及热门的开心网组件，丰富了用户与好友的交流方式。

在主界面向左滑动屏幕可进行翻页⑯。

轻点"其他"图标可进入"其他"界面⑱，用户写日记、检查版本、进行设置等。

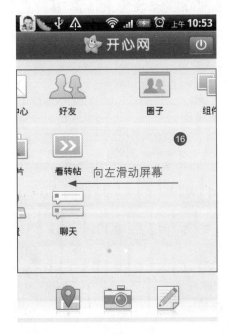

轻点主界面下方的照相机图标📷会弹出"上传照片至开心网"对话框❶。用户可以即时拍照上传，也可以从手机中选择上传。

轻点主界面下方的编辑图标📝可进入"写记录"界面⓴，用户在文本框中输入内容，在下方可以添加表情、图片、定位和提及内容。

7.2.3 腾讯微博

腾讯微博是一个由腾讯推出，提供微型博客服务的类Twitter网站。用户可以通过网页、WAP界面、手机短信/彩信发布消息或上传图片，把自己的快乐、自己的所见所闻分享给博客上的每个人。

在电子市场下载并安装手机腾讯微博，在连接网络的环境下，轻点桌面上的菜单按钮进入"全部应用程序"界面，然后轻点"腾讯微博"按钮❶。

进入腾讯微博的登录界面❷；有QQ账户的用户可以直接使用QQ号登录；手机号用户可以轻点右上角的"手机号登录"链接切换为手机登录界面；没有微博号码的用户可以进行注册。

轻点"开通微博"按钮会弹出"注册类别"对话框③，用户可以根据相应的类型进行选择。这里说一下"普通注册"里的手机注册。

轻点"普通注册"图标，界面会跳转到浏览器中的开通界面④，上面是QQ号登录，QQ用户可以直接登录开通，没有QQ的用户可以轻点下边的"申请QQ号码"链接进行QQ号的注册，也可以轻点"手机号码注册"链接。

轻点"手机号码注册"链接会跳转到注册界面⑤，文本框中需要填写用户需要注册的手机号码，轻点"提交"按钮即可。

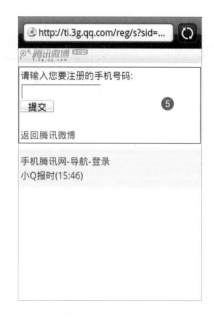

然后用户会收到提示⑥，注册方法已经发送到手机。

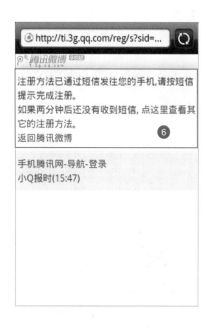

打开手机可以看到腾讯发过来的短信❼，根据短信提示进行注册操作。

注册成功时会收到腾讯的提示短信❽。

回到登录界面，使用新注册的号码进行登录。初次登录一般会要求输入验证码❾，根据图片输入验证码，轻点"完成"按钮。

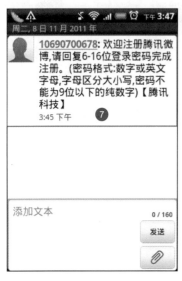  

这就是腾讯微博的用户界面了❿，上边是名字，左上角是刷新按钮，右上角是编辑按钮，中间是关注好友所更新的微博。最下边是界面切换标签，用户可以通过轻点相应的标签切换界面。

轻点右上角的编辑按钮就可以进入"说说新鲜事"界面⓫，上方是"返回"和"发送"两个按钮，中间是文本框，下方是照

片、表情等按钮。

轻点"提及"图标可切换到"提及"界面⑫，这个界面列出了提及登录用户的信息，上方有切换标签，用户可通过切换界面进行查看。

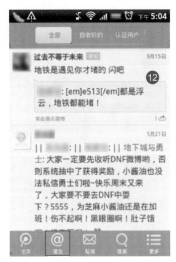

轻点"私信"图标可以切换到"私信"界面⑬，如果用户收到私信，可以在此界面查看，右上角的图标⊠是编辑私信按钮，左上角是刷新按钮。

轻点"编辑私信"按钮⊠会进入"选择联系人"界面⑭，上方是"搜索"按钮及文本框，下方是联系人，用户可以通过轻点联系人图标进行选择。

轻点任意联系人进入私信对话界面⑮，上方是联系人姓名及"返回"按钮，中间是私信记录，下方是文本框及表情和"发送"按钮。用户只需要在文本框中输入内容，轻点"发送"按钮即可。

轻点"搜索"图标可切换至"搜索"界面⑯，上方是搜索文本框及"我的订阅"按钮，中间是腾讯提供的一些最热话题，下方是微博广场，列出了一些用户的活动区域，轻点相应图标即可进入。

轻点"更多"图标即可切换至"更多"界面⑰，在该界面用户可以看到个人信息，广播数、听众数及收听数，还有收藏、订阅、草稿等。

在"更多"界面头像旁边的空白处轻点即可进入"修改资料"界面，用户可以修改个人信息，在上方有"保存"和"取消"按钮⑱。

在"更多"界面中轻点"广播"链接可进入"我的广播"界面⑲。

在"更多"界面中轻点"听众"链接可进入"我的听众"界面⑳。

在"更多"界面中轻点"收听"链接可进入"我的收听"界面㉑。

7.2.4 搜狐微博

搜狐微博是搜狐网旗下的一个功能。可以将每天生活中有趣的事情、突发的感想，通过一句话或者图片发布到互联网中与朋友们分享。

在电子市场下载并安装手机搜狐微博，在连接网络的环境下，轻点桌面上的菜单按钮进入"全部应用程序"界面，然后轻点"搜狐微博"按钮❶。

进入搜狐微博的登录界面❷，已有微博账户的用户可以输入账户及密码进行登录；没有的可以选择注册；若只是想浏览一下可以轻点"随便看看吧"下面的选项进行查看。

　　轻点"注册"按钮跳转到注册界面❸，这里有两种注册方法，即"昵称注册"和"手机号注册"。这里讲一下"昵称注册"的方法。在文本框中输入想使用的昵称，轻点"一键开通"按钮即可。

　　想使用"手机号码注册"的用户可以通过轻点切换到"手机号注册"界面❹，根据提示进行注册。

　　注册成功后会出现提示界面❺，轻点"跳过"或者"关注他们，进入首页"按钮即可。

　　轻点"跳过"按钮之后会弹出个人信息对话框❻，用户可根据需要随意选择。

　　轻点"修改资料"按钮即可进入"编辑资料"界面❼，用户可以更改自己的个人资料，轻点"保存"按钮即可。

　　保存完成之后就会进入"我的档案"界面❽，用户可以在该界面中修改密码、资

料、头像等个人信息；中间是关注、粉丝等信息；最下方是界面切换标签，用户可以在"首页"、"消息"、"档案"和"搜索"四个界面间切换。

选择"关注"选项可进入"关注"界面⑨，这里列出了用户所关注了的好友，在右侧有"取消关注"按钮，用户可以随时取消对某个好友的关注。

轻点任意好友可查看该好友的资料⑩，左上角的图标为"返回"按钮，右上角的图标为"返回主页"按钮。

轻点"发私信"按钮可进入"写私信"界面⑪，用户在文本框中输入内容，轻点"发表"按钮即可发表。

在标签处轻点"首页"图标可进入"首页"界面⑫，左上角的图标是"写微博"按钮，右上角的图标是"刷新"按钮，中间是网友发布的微博信息。

轻点"写微博"图标可进入"写微博"界面❸，用户在文本框中输入内容，也可以通过图标插入相片、表情、提及、主题等信息，编辑完成后轻点"发表"图标即可发表微博。

轻点任意微博可进入"微博详情"界面❹，上方是返回按钮和主页按钮，中间是微博的详细信息，下方有一排按钮，分别是"转发"、"评论"、"收藏"和"分享"，供用户进行更多操作。

在主界面轻点"消息"图标可切换至"消息"界面❺，用户可以查看收到的私信等内容。

按手机上的菜单键可以打开更多菜单❻，用户可以进行设置、注销等操作。

轻点"设置"图标可进入"微博设置"界面❼，用户可以对浏览模式、缓存等进行设置。

轻点"搜索"图标可切换至"搜索"界面❽，用户可以在文本框内输入需要搜索的内容，然后轻点下方的搜索类型进行搜索，搜索到的内容会显示在下方。

7.2.5 支付宝

支付宝是一个网络交易支付平台，Android系统客户端进行交易查询、付款、收款、代付、条码支付、水电煤缴费、买彩票、点卡、充手机话费、积分兑换支付、分享等操作，非常便捷省时。

在电子市场下载并安装支付宝手机客户端，在连接网络的环境下轻点桌面上的菜单按钮进入"全部应用程序"界面，轻点"支付宝"按钮❶。

登录支付宝账户后进入支付宝主界面❷，上方提供了四个功能标签。下方为"应用中心"选项卡中的应用功能。

轻点任意应用可以进入该应用界面❸，可以选择用户需要的服务，如买彩票，缴电费、水费等。

轻点上方的"交易提醒"标签，进入该功能界面❹，其中可以看到用户等待付款的交易记录，并可以进入该条记录进行付款操作。

轻点上方的"消费记录"标签，在该功能界面❺中可以看到用户往期的消费记录。

轻点上方的"账户管理"标签，在该功能界面❻中可以查看用户的账户以及进行相关的账户操作。

在任意界面中按手机上的菜单键▤，在弹出的菜单❼中可以进行应用的更新，查看应用的帮助，以及进行账户的切换。这样就可以随身随时进行网上支付了。

7.2.6 58同城

Android系统版本的58同城应用，利用GPS定位，集合了周边生活信息；一键转发信息打电话、二手买卖、家政清洁、电影票、航班与列车查询、旅游线路、酒店预订等非常丰富的信息。

在电子市场下载并安装58同城手机客户端，在连接网络的环境下轻点桌面上的菜单按钮进入"全部应用程序"界面，轻点"58同城"按钮❶。

进入"58同城"主界面❷，界面中提供了搜索框，下方有快捷的导航图标，以及可供用户添加的快捷分类图标，最下方是应用的功能界面图标。

　　轻点主界面中的 + 按钮在打开的界面❸中选中需要快速进入的分类项目，轻点"确定"按钮进行添加。

> | 提示 | 由于主界面的设计，快捷分类项目最多为四个。 |

　　添加完成后可以在主界面❹中看到添加的分类名称，轻点需要删除的分类名称上 － 按钮可以将添加的分类删除。

　　轻点下方的"分类"图标，应用会根据GPS定位用户所在位置并罗列出分类列表❺。

　　轻点下方的"发布"图标，进入发布信息界面❻，在用户注册后可以在这里发布信息到58同城网上。

　　轻点下方的"管理"图标，进入用户信息管理界面❼，在登录账户后可以使用历史记录和查看已发布信息。

轻点"更多"图标，打开58同城的菜单❽，其中可以设置用户的位置以及账户登录等。

7.2.7　大众点评

大众点评是非常知名的商户评测网站，首创并领导了消费者点评模式，以餐饮为切入点，全面覆盖购物、休闲娱乐、生活服务、活动优惠等城市消费领域。

在电子市场下载并安装大众点评手机客户端，在连接网络的环境下轻点桌面上的菜单按钮进入"全部应用程序"界面，轻点"大众点评"按钮❶。

进入"大众点评"界面时系统会根据手机自带的GPS定位位置，如需要设置可以轻点"切换"按钮❷进行设置。

选择所在位置后进入大众点评的主界面❸中，这里提供了大众点评网的常用功能。

轻点"附近"图标，在开启GPS时软件将自动搜寻用户所在位置并列出该位置附近的场所分类❹。

轻点"搜索"图标进入"搜索"界面❺，用户可以直接在搜索框中输入需要查找的商户或者地址进行查找。

轻点"优惠券"图标进入该应用界面❻，其中可以搜索到附近商家的电子优惠券。

轻点"今日团购"图标进入团购界面❼，其中列出了大众点评团的商品信息，可以利用手机端直接进行团购。

轻点"排行"图标进入该功能界面❽，其中按照各种标准列出了餐厅的排行，用户可以参考这些信息进行就餐。

轻点"更多"图标进入该功能界面❾，用户可以对账户、通知、所在的城市等进行设置。

7.2.8 赶集生活

赶集网是大型的分类信息门户网站，为用户提供房屋租售、二手物品买卖、招聘求职、车辆买卖、宠物票务、教育培训、同城活动及交友、团购等众多本地生活及商务服务类信息。

在电子市场下载并安装赶集生活手机客户端，在连接网络的环境下轻点桌面上的菜单按钮，进入"全部应用程序"界面，轻点"赶集生活"按钮❶。

进入"选择城市"界面❷，该界面分为"定位到的城市"及"热门城市"两部分。

选择城市后进入"赶集生活"的主界面❸，上方显示了"分类"、"附近"、"发布"、"个人中心"四项基本分类，下方是搜索框和信息的分类。

选择"分类"界面中的"房产"选项进入房产分类界面④。

轻点相应的房产信息进入"信息详情"界面⑤，界面中包含了房产所在位置的地图连接
，界面下方还提供了电话和短信的快捷按钮，方便与商家联系。

轻点界面上方的"附近"图标，进入界面⑥，系统将依靠网络自动检测出用户所在位
置，并列出附近的商户分类列表，以便于用户就近选择商家。

轻点主界面上方的"发布"图标，进入界面⑦，用户可以根据自己要发布的信息类型进
行选择填写。

在主界面中轻点"个人中心"图标，进入界面⑧，可以查看个人的历史记录和信息管
理。有了手机版的"赶集生活"就可以随时关注赶集信息了。

7.2.9 布丁优惠券

麦当劳、肯德基等多家知名快餐店优惠券大全！去麦当劳再也不用打印纸质优惠券了，出示手机即可使用，cool！全国不限地区使用，物价上涨，随时随地享受优惠乐趣。

 在电子市场下载并安装布丁优惠券手机客户端，在连接网络的环境下轻点桌面上的菜单按钮进入"全部应用程序"界面，轻点"布丁优惠券"按钮❶。

进入"布丁优惠券"的主界面❷，里面按优惠券的使用方法列出了可以使用优惠券的商家。

轻点任意商家进入该商家优惠券列表❸，系统将自动更新当期的优惠券。

> **提示** 列表下方将注释出该优惠券的使用方法，部分商家支持出示电子版优惠券。

轻点优惠券进入单张优惠券界面，该界面就是可以向商家出示的界面，轻点上方的"操作"按钮，可以对优惠券进行收藏、发送到电子邮箱以及发短信与好友分享❹。

在主界面中轻点下方的"收藏夹"图标进入收藏夹❺，这里方便在没有网络支持的条件下使用优惠券。

轻点主界面下方的"更多"图标，进入界面❻，可以进行应用的设置以及应用的更新。

7.3 网络导航

随着数字时代的来临，人们的生活变得更透明化、便捷化。Android系统的电子市场中提供了大量的网络导航类软件，让用户万事无忧。

7.3.1 QQ空间手机端

QQ空间(Qzone)是腾讯公司于2005年开发出来的一个个性空间，具有博客(blog)的功能，自问世以来受到众多人的喜爱。在QQ空间上可以书写日记、上传自己的图片、听音乐、写心情，通过多种方式展现自己，还可以根据自己的喜爱设置空间的背景、小挂件等，从而使每个空间都有自己的特色，还可以通过编写各种各样的代码来打造自己的空间。

在电子市场下载并安装QQ空间手机客户端，在连接网络的环境下轻点桌面上的菜单按钮进入"全部应用程序"界面，轻点"QQ空间"按钮❶。

轻点进入手机QQ空间登录界面❷，输入账号及密码，轻点"登录"按钮即可。

成功登录后会进入全部动态界面❸，这里列出的最近时段的所有动态，包括好友、关注及自己的；用户可以轻点"全部动态"，在弹出的下拉菜单中选择显示的类型。最下方是界面切换标签，用户可以在"全部动态"、"我的空间"、"mini主页"、"我的关注"和"我的应用"间进行切换。

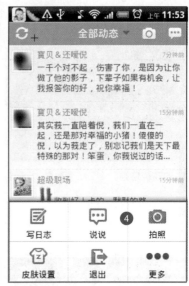

按手机上的菜单键可以打开详细菜单❹，这里列出了一些常用的功能。

轻点"写日志"图标会进入"写日志"界面❺，用户可以在标题的位置输入标题，在文字的位置输入正文，还可以通过轻点相机和图片的图标添加照片和图片，编辑完成之后，轻点"发表"按钮即可。

轻点"说说"图标会进入"写说说"界面❻，中间是正文部分，用户可以输入说说的内容，可以通过轻点下方的图标来为说说添加照片、图片、定位及提及。还可以点亮右上角的企鹅及微博图标将说说同步到QQ签名和微博。

轻点"皮肤设置"图标可以打开"皮肤设置"界面❼，用户可以设置一个自己喜欢的皮肤来使用。

轻点"更多"图标可以打开更多菜单❽，用户可以对QQ空间手机端进行部分设置、切换账户、检查更新等。

　　轻点感兴趣的动态可进行详细查看❾，在该界面下方有三个按钮，依次是"评论"、"赞一个"、"转发"。

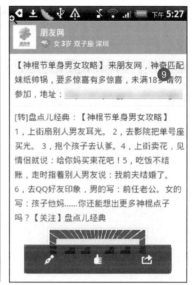

　　轻点下方标签上的按钮&可切换至"我的空间"界面❿，该界面列出了部分个人的信息以及"我的访客"和"与我相关"等信息供用户查看。

　　轻点下方标签上的按钮🏠可切换至mini主页界面⓫，该界面嵌入了QQ音乐插件，可以随时播放音乐，在播放器下方用户可以通过轻点查看天气、星座，进行签到等操作。

　　轻点"本地"按钮 本地 ⠿ 可切换出本地播放菜单⓬。

选择"位置签到"选项可以将自己的位置共享给好友，在位置签到界面⓭，用户可以找到附近的签到地方进行签到。

轻点下方标签上的按钮可切换至"我的关注"界面⓮，这里列出了可能认识的人、认证空间、访问足迹及好友列表等信息，供用户进行查看。

轻点相应的卷展选项可以展开相应的内容⓯进行查看。

选择"查看更多"选项就会进入更多界面⓰，这里列出了用户可能认识的人，轻点右侧的图标可以添加好友。

轻点任意好友的名字可查看该好友的主页⓱，用户可以通过轻点查看更多详细信息。

轻点下方标签上的按钮可切换至"我的应用"界面⓲，这里列出了腾讯为用户推荐的各种应用，有娱乐的、交友的、工作的、学习的，还有庞大的应用库，供用户选择。

　　轻点任意应用，浏览方式即可切换至浏览器方式，画面跳转至相应的应用画面⓳，下方的按钮依次是"返回"、"刷新"、"后退"、"前进"。

7.3.2　掌中天涯手机端

　　掌中天涯是国内中文论坛执耳者天涯社区在移动互联网开通的一个免费WAP平台。掌中天涯以论坛、博客为基础交流方式，综合提供个人空间、相册、图铃下载、分类信息、站内消息、聊天、交友、游戏、书屋等一系列功能服务，用户可以用手机随时随地参与天涯社区的讨论、发帖、回帖，随时上传图片，与天涯的网友一同分享喜悦与感动。还可以以WAP站内信的形式与线上线下网友随时通信。

　　在电子市场下载并安装掌中天涯手机客户端，在连接网络的环境下轻点桌面上的菜单按钮进入"全部应用程序"界面，轻点"掌中天涯"按钮❶。

　　进入掌中天涯登录界面❷，已有账户的用户可以直接进行登录，没有的可以轻点"注册"按钮，只想看一看的用户可以轻点"游客浏览"按钮。

177

轻点"注册"按钮会弹出注册对话框❸，用户设置好登录名及密码之后轻点"注册"按钮即可。

成功登录后会进入掌中天涯的主界面❹，最上方是掌中天涯的标题和当前账户的账户名，接着是搜索框，然后是八个常用的功能按钮和四个选项，轻点可进入相应的界面进行查看。

在主界面按手机上的菜单键会弹出更多菜单❺，供用户进行设置。

 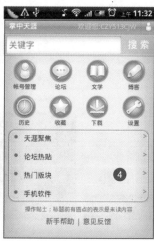 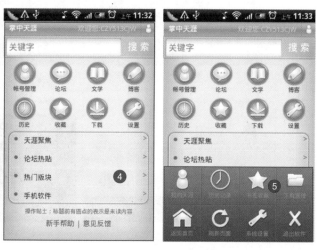

选择更多菜单中的"我的天涯"选项可进入"我的天涯"界面❻，该界面会列出与当前账户有关的帖子及回复。

选择更多菜单中的"系统设置"选项可进入"系统设置"界面❼，用户可以在该界面进行一些基本参数及功能的设置。

轻点主界面上的"账号管理"图标可进入"账号管理"界面❽，在该界面用户可以切换账号，也可以添加、注册新的账号，在下方有五个快捷按钮供用户快捷进入其他界面。

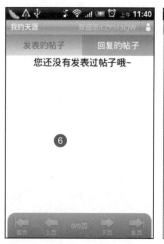  

　　按住任意账号不放，两秒之后会弹出操作对话框⑨，用户可以选择登出、删除或是设置为默认自动登录。

　　轻点主界面上的论坛按钮会进入"论坛"界面⑩，上边是界面标签，用户可以选择查看的帖子大类，下方是帖子的详细分类，供用户分类查看。

　　轻点任意类型即可查看相应类型的帖子，中间⑪是帖子列表，用户可以通过轻点进行查看。

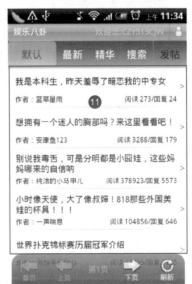

　　轻点右侧的"发帖"标签会弹出"发帖"对话框⑫，用户设置好标题、类型，编辑好内容之后轻点"提交"按钮即可。

　　热贴和热版中放的是当前热度高的帖子和版块，想要查看全部版块时轻点"版块"标签即可切换至"版块"选项卡⑬，列表中列出了各种分类的版块供用户轻点查看。

　　轻点"城市"标签可切换至"城市"选项卡⑭，用户可以选择查看某一地点的帖子。

　　轻点"搜索"标签可切换

至"搜索"选项卡❶，用户在搜索框中输入关键字，然后轻点搜索的类型即可。

轻点"快捷按钮中的"文学"按钮❶可进入"文学"界面，该界面列出了各种热门、畅销的文学作品供用户阅读，用户可以通过轻点上方的标签来切换界面，在"搜索"选项卡可以进行文学搜索，在"书包"选项卡可以查看用户个人加入的书籍。

轻点快捷标签中的"博客"标签可切换至"博客"选项卡❶，中间列出的是其他用户的博客内容，用户还可以轻点上方的标签来切换到其他类型博客的界面。

轻点任意博客的内容即可详细查看❶，用户可以在上方选择查看的类型。

轻点右侧的"回复"按钮会弹出"回复"对话框❶，用户编辑了回复内容之后轻点"提交"按钮即可。

7.3.3 人人网手机端

人人网是由千橡集团将旗下著名的校内网更名而来。人人网是为整个中国互联网用户提供服务的SNS社交网站，给不同身份的人提供了一个互动交流平台，提高用户之间的交流效率，通过提供发布日志、保存相册、音乐视频等站内外资源分享等功能搭建了一个功能丰富高效的用户交流互动平台。

在电子市场下载并安装人人网手机客户端，在连接网络的环境下轻点桌面上的菜单按钮进入"全部应用程序"界面，轻点"人人网"按钮❶。

进入人人网登录界面❷，已有人人网账户的用户可以直接登录，没有的可以进行注册。

轻点"注册"链接会进入"短信注

册"提示界面❸，轻点下方的"发送短信至106900867734"按钮，之后就会收到短信告知注册成功。

使用注册好的账户及密码进行登录，由于是新用户，登录时会要求完善资料❹，将资料一一完善，轻点"完成"按钮即可。

接着会提示同步通讯录❺，用户可以选择进行同步，也可以在右上角轻点"跳过"按钮。

轻点"开始同步"按钮会弹出同步协议对话框❻，轻点"同意"按钮。

直接轻点"跳过"按钮进入到主页界面❼，上方是用户的名字，中间是人人网的一些功能应用，下方是"消息"按钮。

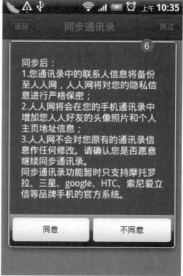

在主界面按手机上的菜单键可以打开功能菜单❽，用户可以查看帮助、注销登录等。

轻点"设置"图标可进入"设置"界面❾，用户可以更改人人网手机端的一些基本设置。

在下方轻点"消息"按钮可进入"消息"界面❿，用户可以查看收到的信息，最下方是信息的分类，方便用户分类查看。

轻点任意信息可进行查看，在下方有"回复"按钮⑪，轻点可回复信息。

在主界面轻点照片会弹出"上传照片"对话框⑫，用户可上传照片到人人网相册。

轻点状态可进入"发布状态"界面⑬，用户可以编辑自己的状态进行发布。

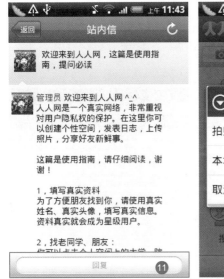

轻点"报到"按钮可进入"附近地点"界面⑭，这里列出了用户所在位置周边的地点。

轻点"个人主页"图标👤可以进入个人主页⑮，上方是头像及名字，中间是最近访客，最下方是滑动菜单，轻点不同的标签会显示相应的内容。

轻点"好友"图标👥可进入"好友"界面⑯，这里列出了用户的好友，右上角的"通讯录"按钮可进入同步通讯录界面。在文本框中输入关键字可进行查找好友，在下方的标签上轻点可切换到"公共主页"及"好友请求"界面。

轻点"应用"图标 可进入"人人移动应用中心"**⑰**，在这里可以找到好友在玩及热门的应用，丰富了用户与好友的交流内容。

轻点"搜索"图标 可进入"搜索"界面**⑱**，用户可以在文本框中输入关键字，然后轻点"搜索"按钮，下方有4种搜索类型，以便用户更方便地查找好友。

轻点"聊天"图标 可进入"联系人"界面**⑲**，在文本框中输入关键字可查找好友，中间是联系人列表，轻点相应的联系人即可查看联系人信息。

7.3.4 手机内置导航

"导航"为用户提供从当前位置到目的地的实景图像导航服务，采用网络服务器即时规划，规划速度快，准确率高；流量小，耗电低。同时紧扣手机应用"随身、互动、娱乐"的特

点，将手机的电话、短信等功能完美集成。

在连接网络的环境下轻点桌面上的菜单按钮进入"全部应用程序"界面，轻点"导航"按钮**❶**。

弹出"注意"对话框**❷**，这里选择"获取路线"，轻点"取消"按钮则会退出导航。

进入后即打开路线搜索界面**❸**，用户可以直接在文本框中

输入地址进行搜索。

在两个文本框的右侧有个图标，轻点会弹出更多定位方式❹，用户可以将起点或终点定位在某个联系人那里，也可以是地图上的点。

选择"地图上的点"选项会进入地图❺，用户可以通过拖动来平移地图，可以通过右下角的放大与缩小按钮来放大或者缩小地图，以便更快地定位。

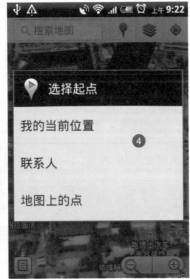

提示

有些用户使用时出现的地图并非实景卫星地图，那是由于显示图层的不同所造成的，之后会有讲解。

设置好起点与终点之后，"开始"按钮会改变颜色❻，在"开始"按钮左侧可以选择交通方式，设置好交通方式之后轻点"开始"按钮即可进行路线搜索。

搜索完成之后将进入搜索结果界面❼，该界面显示了搜索到的行程路线及时限。

轻点交通方式按钮会弹出选择交通方式的下拉菜单❽，用户可以重新定义交通方式。轻点起点和终点右侧的按钮可以重新设置起点和终点。

按手机上的返回键 ← 可以回到地图预览界面❾。

轻点 ◈ 图标可以切换查看的角度❿。

轻点 ≋ 图标会弹出图层显示对话框⓫，用户可以通过轻点选择需要显示的图层。

轻点"更多图层"按钮会弹出"更多图层"对话框⓬，用户可以选择我的地图和公交路线。

轻点 ▾ 图标会进入附近商家界面⓭，上方是搜索栏，用户在文本框中输入商家名称的关键字即可查找附近的商家。下方是快捷按钮，轻点可以快捷查找附近的商家。

　　轻点"搜索地图"图标 🔍搜索地图 会进入地图搜索界面⑭，用户可以在文本框中输入搜索的内容轻点搜索即可。

　　轻点搜索框右侧的图标🎤会弹出语音输入对话框⑮，可以根据用户输入的语音信息查询地图。

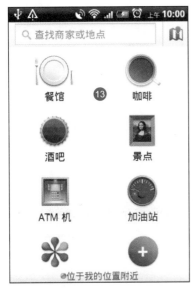

　　搜索到的结果会出现在新打开的界面⑯中，列表中列出了与搜索内容相关的信息，信息的右侧是预览用的缩略图和星标按钮。

　　轻点任意搜索到的信息可以打开详细界面⑰。中间有四个图标按钮，依次是地图 🗺、获取驾车路线 ◈、联系电话 📞、更多选项 ◉；在"评分和评论"右侧，用户可以进行打分。

　　轻点"更多选项"图标会弹出"更多选项"对话框⑱，用户可以查看更多的信息。

按手机上的返回键 ← 回到地图界面⑲，按手机上的菜单键会弹出功能菜单，轻点"搜索"图标会打开地图搜索界面；轻点"路线"图标会打开路线搜索界面；轻点"清空结果"图标会清除刚刚搜索的结果；轻点"加入谷歌纵横"图标可以加入谷歌纵横。

轻点"加星标的地点"图标可以打开加星标的地点界面⑳，如果用户有添加过星标地点，下方的列表就会将地点列出，没有的会得到提示"您还没有添加星标地点"。

轻点"更多"图标会弹出更多选项菜单㉑，用户选择查看实验室、缓存等。

选择"实验室"选项可以进入"实验室"界面㉒，这里有许多试验性的功能，用户可以通过轻点来决定试用哪些功能。

7.4　系统安全

随着手机应用的智能化、丰富化，手机的系统及其安全成为重中之重，Android系统的电子市场中提供了大量的系统安全类软件，让用户高枕无忧。

7.4.1　QQ手机管家

QQ手机管家秉承"安自心，简随行"的理念，在提供查杀病毒、过滤骚扰等安全防护的基础上，主动满足用户隐私保护、上网管理和系统优化等高端化和智能化的手机管理需求，不仅是安全专家，更是用户贴心的手机管家。

在电子市场下载并安装QQ手机管家，轻点桌面上的菜单按钮进入"全部应用程序"界面，轻点"手机管家"按钮❶。

初次使用会弹出确认使用窗口❷，轻点"确认使用"按钮即可。

QQ手机管家的主界面❸中间是常用的三项功能，轻点可以快捷进入并使用。

轻点界面下方的 ▽ 按钮拖出详细功能菜单❹，这里列出了手机管家的主要功能；有"NEW"标记的是该版本新增的功能；任意功能按钮长按并拖动可以与其他功能交换位置。

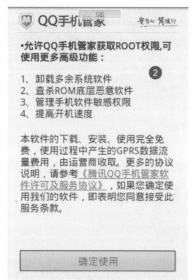

轻点"病毒查杀"图标进入"病毒查杀"功能界面❺，界面中间显示的是查杀进度，下方是"一键查杀"功能按钮，轻点可执行一键查杀功能，最下方是切换标签，可以切换到其他界面。

轻点"我的软件"图标进入"我的软件"功能界面❻，该界面列出了手机所安装的所有软件(应用程序)，轻点任意

软件可查看相应软件的详细信息，轻点右侧的"卸载"按钮 ▤ 可卸载不需要的软件。

在下方的切换标签上轻点可切换至"安装包管理"界面⑦，轻点任意安装包可查看详细信息，轻点右侧的图标按钮 ◎ 可进行多选，轻点右上角的"批量按照"按钮可以批量安装所选择的软件。

按住任意安装包不放，两秒之后会弹出操作对话框⑧，轻点可对安装包进行安装、查看详情或删除的操作。

轻点切换标签上的"软件搬家"图标切换至"软件搬家"界面⑨，轻点任意软件可查看该软件的详细信息，轻点右侧的图标按钮 ▥ 可以将软件转移到其他位置。

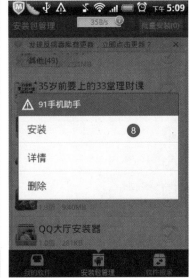

轻点"扣费扫描"图标进入"扣费扫描"界面⑩，手机管家会扫描出手机内的恶意扣费程序，避免用户不必要的损失；下方有切换标签，用户可以切换到监控界面。

轻点"省电管理"图标进入"省电管理"界面⑪，界面中列出了电池的基本信息；下方的切换按钮可以切换到"省电设置"界面进行

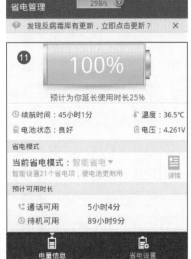

省电设置。

　　轻点"开机加速"图标进入"开机加速"界面⑫，可以通过禁用开机启动的项目来达到快速开机的目的，下方的切换按钮可以切换到"任务管理"界面管理当前进行的任务，轻点缓存清理可以切换到缓存清理界面清理应用程序留下的缓存。

　　轻点"私密空间"图标，初次使用会弹出提示对话框⑬，轻点"设置密码"按钮进行密码的设置，设置好密码之后就可以使用该密码登录到私密空间。

　　设置密码时有提示⑭私密空间的使用方法：在拨号状态下输入"私密空间密码+*"，再次拨号就可以进入私密空间了。

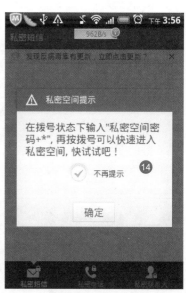

　　有些手机软件在使用时需要一些手机的管理或功能使用权限，选择"权限监控"选项可进入"监控软件"界面⑮，轻点任意软件可查看软件的权限使用信息；下方的切换按钮可切换至"信任软件"、"监控日志"、"设置"界面进行操作。

　　选择"手机防盗"选项进入"手机防盗"界面⑯，轻点

立即开启可开启手机的防盗功能，远程控制可对已被盗的手机进行操作。

轻点"号码查询"图标可进入"常用号码"查询界面❶，界面中间列出了各种类型的联系号码供用户使用，通过轻点进行详细查看。

在主界面按手机上的菜单键可以弹出更多菜单❸，用户可以选择进行反馈、更新等操作。

轻点"系统设置"图标进入"系统设置"界面❶，用户可以快速地对系统进行部分设置。

7.4.2 ES文件浏览器

ES文件浏览器是一款系统文件浏览器，就像PC上的文件管理器，在这里可以对手机内部和存储卡上的文件进行复制移动发送的操作。

在电子市场下载并安装ES文件浏览器手机客户端，轻点桌面上的菜单按钮进入"全部应用程序"界面，轻点"ES文件浏览器"按钮❶。

进入ES文件浏览器界面❷，可以看到上方是文件的路径，以及文件管理常用的按钮。

轻点上方的"说明"按钮，进入"说明"界面❸，其中会列出按钮的用途及操作方法，轻点右上角的"帮助"按钮后可以阅读帮助文件。

按手机的菜单键▤，则会弹出软件的控制菜单❹。

轻点"操作"图标可打开"操作"菜单❺，该菜单中含有常用的文件编辑命令。

轻点"新建"图标可以弹出"新建"菜单❻，用户可以新建文件和文件夹。

轻点"管理"图标可打开"管理"菜单❼，其中的选项需要下载相应的ES文件软件才能够应用。

轻点"设置"图标，进入设置界面❽，其中可以对应用程序的界面和显示方式进行设置。

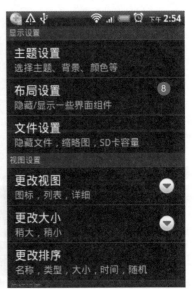

轻点"更多"图标，将会弹出更多的菜单选项❾，方便用户设置自己的操作习惯，管理文件变得得心应手。

7.4.3 手机优化大师

如同PC的优化大师一样，安卓手机优化大师提供了手机清理、开机加速、程序管理等功能，不同的是针对手机的特性还专门添加了节点优化的功能，方便用户管理手机。

在电子市场下载并安装安卓优化大师，轻点桌面上的菜单按钮，进入"全部应用程序"界面，轻点"安卓优化大师"按钮❶。

进入"安卓优化大师"主界面❷，里面提供了九个图标可供选择。

轻点"手机体检"图标，在"手机体检"界面❸中轻点"一键优化"按钮系统将自动检测手机内存等相关用量。

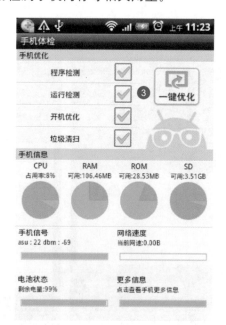

轻点"程序管理"图标进入该功能界面❹，其中分为"程序分类"和"程序搬家"两类，"程序分类"选项卡可以将程序按类别整理放置以方便管理。"程序搬家"选项卡可以将手机中的程序移动到存储卡中节省空间。

提示	只有Android 2.2以上版本才能将程序安装到存储卡。

轻点"开机加速"图标进入功能界面❺，应用将列出手机的开机用时以及开机时启动的应用，用户可以通过轻点程序右侧的按钮来关闭该软件开机启动。

轻点"进程管理"图标进入该功能❻，里面可以看到手机正在运行的程序列表，可以通过选中程序后轻点"结束程序"按钮将程序关闭。

轻点"垃圾清理"图标进入该功能❼，轻点下方"一键清理"按钮可以将列表中的文件垃圾清理。上方的"短信清理"按钮是为快速删除短信设计的，"深度清理"按钮可以删除没有完全卸载的文件。

轻点"节电优化"标签进入该功能界面❽，在"节电优化"界面上可以关闭一些应用以达到节电的效果。

轻点"快捷设置"标签，进入该功能界面❾，可以快速地设置常用的功能，如情景模式、网络连接、声音显示设置等，将系统的"设置"功能优化提取到此处，可以更好地管理手机。

7.4.4　任务杀手

由于Android手机多任务的设置，系统常会多开启一些应用，或是开启的应用没有完全退出占用了一定的内存空间，使手机变慢，任务杀手可以很好地解决这一问题。

在电子市场下载并安装TasKiller（任务杀手），轻点桌面上的菜单按钮，进入"全部应用程序"界面，轻点TasKiller按钮❶。

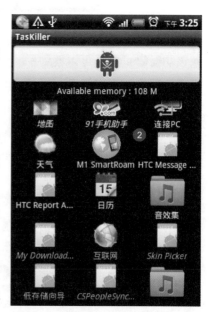

进入任务杀手界面❷，列表中列出了系统中正在运行的应用。

轻点单个应用，会弹出快捷选择菜单❸，菜单中包含Kill（关闭任务）、忽略（不关闭任务并在列表中除去）、显示

（打开该任务的界面）。

　　轻点上方的红色机器人标志，将会关闭全部的任务。这样管理任务既简单又快捷。

第8章 好玩、好用的发烧游戏世界

　　Android手机的电子市场在游戏方面也为用户敞开大门，海量的游戏丰富着用户的业余生活。

8.1 体育动作游戏

体育动作游戏分为体育和动作两类，体育类的游戏可以让玩家参与专业的体育运动项目的电视游戏或电脑游戏。该游戏类别的内容多数以较为人熟悉的体育运动赛事，多数受欢迎的体育运动会收录成为游戏。而动作类游戏是由玩家所控制的人物根据周围环境的变化，利用键盘或者手柄、鼠标的按键做出一定的动作，如移动、跳跃、攻击、躲避、防守等，来达到游戏要求的相应目标。

8.1.1 3D乒乓球

可玩度：★★★☆☆

当前版本：2.7.2

适用版本：Android 2.1.x及更高版本

《虚拟乒乓球》（*Virtual Table Tennis* 3D）是一款很棒的3D乒乓球游戏，游戏中玩家可以选择喜爱的国家参加比赛，每打过一关，将会开启另一个关卡，同时也会解锁。画面倒谈不上完美、绚丽，不过还算是比较精细。

该游戏拥有着三种难度级别，30个关卡，而且基于OpenGL的3D游戏图形界面让游戏的视觉效果更加直观，控制上采用触摸屏控制方式，还支持振动反馈功能。

乒乓球作为咱们的国球，玩儿的酷友绝对不少，所以手机上也该常备一个。这款游戏在市场里评价不是特别好，或许是因为中国人乒乓球太厉害，老外就玩儿得少的缘故吧。

8.1.2　三维保龄球

可玩度：★★★★☆

当前版本：1.2

适用版本：Android 2.0及更高版本

3D Bowling（三维保龄球）是Android手机上最为逼真的一款保龄球游戏了，全方位的开放加上真实的3D物理引擎和效果，让玩家体验到最真实的保龄球游戏。

让人赞不绝口的3D图形界面，以及实时动作物理引擎让玩家能拥有真实保龄球的视觉体验。5种风格的保龄球场景，每一个都有多种保龄球样式和详细的统计追踪。

按住球向左或向右来调整扔球的方向，用手指轻弹，将保龄球抛出去，而且在屏幕上用手势画出曲线能够扔出钩球。

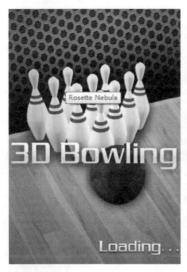

8.1.3　疯狂滑雪专业版

可玩度：★★★☆☆

当前版本：1.1.2

适用版本：Android 2.0.1及更高版本

《疯狂滑雪专业版》（*Crazy Snowboard Pro*）是一款以单板滑雪为主题的游戏，移植自iPhone，游戏中玩家可以完成不同的任务，还可以做出很华丽的动作，如在跳台上做一个完美的180°，冬天来了，不想去外面挨冻的话，咱就在家里滑雪吧。

《疯狂滑雪》趁着圣诞节档期推出以滑雪

为背景的3D游戏新作，玩法比传统的滑雪游戏较为丰富，除了竞速和难度动作外，还有任务模式供玩家挑战。

滑雪的过程中要运用技巧躲开僵尸、雪人、精灵的层层阻挠，一共30多个任务，每个任务拥有13个关卡，直观的操作加上令人瞠目的3D图形！

8.1.4　任意球高手

可玩度：★★★★☆

当前版本：1.3.1

适用版本：Android 1.6及更高版本

《任意球高手》(Football Kicks)是一款不错的罚任意球的足球游戏，移植自iPhone平台，下载量超过300万次。游戏操作非常流畅。除了常规的罚点得分外，玩家还能用金币编辑球员的外貌和升级能力。不过请注意，游戏有些关卡和道具需要购买。

足球运动是一项古老的体育活动，源远流长。游戏中玩家通过滑动屏幕来进行射门，在左上角是玩家的总成绩，右上角是玩家当前的局数。

游戏中玩家拥有一定的球数，如果在规定的球数内无法达到相应的分数则算玩家失败。

8.1.5　实况足球2012

可玩度：★★★★☆

当前版本：1.0.0

适用版本：Android 1.6及更高版本

《实况足球2012》(*Pro Evolution Soccer* 2012)，缩写 PES2012，已于近日正式登录到 Android 平台上了，开发商为KONAMI(科乐美)，这款经典的足球游戏将会带给玩家最逼真的足球体验。相比较上一个版本，新的游戏加入了两个全新的游戏模式，现在玩家还能够充分地整合社交网络的资源，永远不会一个人孤单地游戏了。

游戏中玩家可以探索全新的超级挑战模式：购买自己最想要的球员，在联赛中建立自己的梦想球队。

游戏还拥有强大的社交网络对战模式：非常有趣的一个模式，它并不是让玩家直接和朋友进行对战，而是通过在网络上下载对方的超级挑战队到玩家的手机上来进行对战。

8.1.6　三剑之舞

可玩度：★★★☆☆

当前版本：1.0.3

适用版本：Android 1.6及更高版本

《三剑之舞》(*Third Blade*)，又名"第三把刀"，是Com2uS公司开发的一款角色扮演类的横版过关游戏，游戏的画面相当不错，有着浓郁的日式游戏的风格。

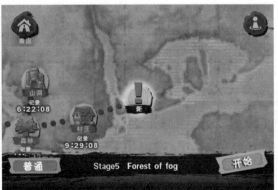

在《第三把刀》(Third Blade)中，你需要
使用三种类型的刀剑来战胜各种怪物：双刃
剑、单手剑、双手剑，激烈的战斗会让你热
血沸腾。 而玩家的目标，就是斩杀遇到的怪
物，然后获取奖金，强化自身。

游戏有三种难度供玩家选择，普通的比
较容易，困难的勉勉强强，地狱级别的难度极
大，若玩家没有好的装备还是无视的好。

8.1.7 拳皇

可玩度：★★★☆☆

当前版本：1.1.4

适用版本：Android 1.6及更高版本

《拳皇》(The King Of Fighters)，台湾则译为《格斗天王》，通称为KOF。它是日本SNK
PLAYMORE公司出品的一款著名的格斗游戏，
游戏的故事背景为身经百战的格斗明星们以一
种全新的对战方式进行对战。

《拳皇》是一款经典的动作格斗游戏，在
游戏中按菜单键即可选择出招表就可以显示出
招，还可以保存进度等，若打得好了，还可以
进行截图。

有20种以上的角色可供玩家选择，出招方面也并不比PC的差多少，炫酷的打击感能带人回到当年游戏厅的记忆中。

8.1.8　合金弹头

可玩度：★★★★☆

当前版本：1.8

适用版本：Android 2.1x及更高版本

《合金弹头》(Metal Slug)是一款无比经典的射击动作游戏，以前基本上每个街机厅都会有几台。经典的好游戏有一个特点，就是即使在科技日新月异的多年之后玩起来也一样有趣，一样能让你不能自拔，现在你有机会重温当年的感动了！

虽然是手机版，但游戏的画面并不比PC的差多少。

游戏界面的左上方是方向键，屏幕下方则是A（攻击）、B（跳跃）、C（投掷）三个常用按键。

游戏中，玩家需要控制角色在场景中消灭敌人、解救人质，最后再消灭BOSS以完成关卡。

8.1.9　驱鬼战士

可玩度：★★★☆☆

当前版本：3.0

适用版本：Android 3.1x及更高版本

《涂鸦战士向前冲》(Doodle Dash)是一款从iPhone移植的动作射击游戏，画面非常可

爱，游戏主角是一位勇士，在不同的地图中奔跑，消灭忍者、木乃伊和吸血鬼。

游戏中，玩家将控制一个士兵在各种场景里狂奔，还会遇到各种负责阻挡的动物，记得一定要躲开或杀死它们哦，而且，不要错过小钻石和礼物。

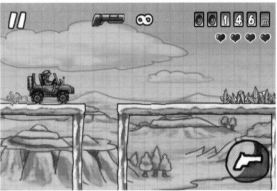

游戏中，玩家可以控制士兵的跳跃和攻击，在屏幕的下方是控制按键。作为一名勇敢的战士，一直向前冲消灭忍者、僵尸和木乃伊，尽可能向前跑，收集武器和金钱，有一点点魂斗罗的神韵。

8.1.10　蔬菜武士：飞升

可玩度：★★★★☆

当前版本：1.0

适用版本：Android 2.0.1及更高版本

《蔬菜武士：飞升》(Veggie Samurai: Uprising)是一款玩法比较独特的游戏，玩家的任务是要利用不同组合的蔬菜，将武士送到高高的空中。这款游戏是《蔬菜武士》(Veggie Samurai)的一个特别版，但玩法上和原来的那款游戏并不完全相同，更突出了自己的特点。

游戏考验的是玩家的眼力与反应，玩家可以尝试一次切好几份蔬菜来达到连击效果，让武士跳得更高；而如果没有砍到蔬菜，则武士会摔落，但此时仍有机会救回。

武士跳跃时可以吃到很多加强物品，如茶壶、落叶、龙卷风、龙之火等，但也有多种阻碍物会降低跳跃高度或把武士拉下。

8.1.11　姜饼超人

可玩度：★★☆☆☆

当前版本：1.4.21

适用版本：Android 1.6及更高版本

《姜饼猛冲》(*Gingerbread Dash*!)是一款以Android 2.3系统代号为主体的逃生游戏，玩家通过重力感应系统控制姜饼快速地向前跳跃，在奔跑的同时可以吃到星星，但是如果姜饼奔跑过慢，那么就会被身后的大嘴吃掉。

游戏中，玩家控制的是一个外表有点傻气的小姜饼角色，玩家需要灵活操作小姜饼上蹿下跳，避开水沟和不知名的危险动物，让它好好玩耍一番，途中可以收集漂亮可爱的星星，它会增强姜饼的各项属性，使它的跳跃功力更上一层楼。

单击屏幕的任意位置可以做出跳跃动作用来躲避障碍物和翻过河道，摇晃手机可以增加姜饼跳跃的冲力，在跨越比较宽的水沟时要加重力度，但如果是紧密相连的小水沟可得小心谨慎，否则很容易就会落水。

8.1.12 斗兽英雄

可玩度：★★★★☆

当前版本：1.1

适用版本：Android 1.6及更高版本

这是一款横版卷轴式动作游戏，并包含RPG元素，让人游玩数小时仍意犹未尽。

游戏中玩家将控制角色在决斗场中与怪物拼杀。

游戏提供了两种角色供玩家选择：人类和吸血鬼。

选择好角色后就会进入商店，商店出售很多武器和防具等。

游戏中很多武器、防具和技能都是需要金币来购买，而金币则靠杀怪获得，所以，玩家如果想后期容易过关的话，不妨在前面几关多刷些金币出来。

8.2 益智休闲游戏

益智休闲游戏通常以游戏的形式锻炼游戏者的脑、眼、手等，使人们放松下来，获得身心健康，增强自身的逻辑分析能力和思维敏捷性。值得一提的是，优秀的益智休闲游戏娱乐性也十分强，既好玩又耐玩。

8.2.1　愤怒的小鸟

可玩度：★★★★★

当前版本：1.3.5

适用版本：Android 1.6及更高版本

《愤怒的小鸟》(*Angry Birds*)是一款从苹果的iOS平台移植过来的超火爆的游戏。这次主角变成了一只护蛋的小鸟。为何愤怒？绿色的猪头小队从来就没有停止过偷蛋的尝试，小鸟的忍耐是非常有限的，它愤怒了！愤怒的小鸟为了护蛋，展开了与绿色猪之间的斗争。

这款游戏的故事相当有趣，为了报复偷走鸟蛋的肥猪们，鸟儿以自己的身体为武器，像炮弹一样去攻击肥猪们的堡垒。

游戏的玩法很简单，将弹弓上的小鸟弹出去，砸到绿色的肥猪，将肥猪全部砸到就能过关。鸟儿的弹出角度和力度由玩家的手指来控制，要注意考虑好力度和角度的综合计算，这样才能更准确地砸到肥猪。而被弹出的鸟儿会留下弹射轨迹，可供参考角度和力度的调整。另外每个关卡使用的鸟儿越少，评价将会越高。

8.2.2　三维重力迷宫

可玩度：★★★☆☆

当前版本：1.5

适用版本：Android 2.1及更高版本

《三维重力迷宫》是一款利用重力的迷宫滚球游戏，游戏操作很简单，利用重力使钢球不要掉进陷阱和机关，直至到达目的地。

游戏中利用手机的物理重力系统来对球进行控制，倾斜玩家的手机来用重力使球移动，躲开那些圆坑，控制小球顺利进入球洞。

不管从哪个方向看都是三维效果的界面，使游戏画面更加生动。完美的重力感应使小球的移动更符合物理常识。

8.2.3　毁灭之猪

可玩度：★★★☆☆
当前版本：1.1.0
适用版本：Android 1.6及更高版本

根据古老的预言，四头毁灭之猪出现会带来世界的毁灭，这时候，有另一头猪，也就是通过玩家来操控的游戏主角，而它则可以拯救世界……那么下面还等什么？还不赶快试玩游戏！

《毁灭之猪》幽默的游戏背景设定，精美细腻的游戏画面设计，让人上瘾的游戏操作性能，都将让这款游戏成为玩家的最爱。

游戏中，玩家将控制这四头英雄猪猪在猪猪的世界中进行各种冒险，玩家需要解开各种谜团，获取各种硬币和道具，最终找到拯救猪猪世界的方法，将天使和恶魔都送回它们原来的世界中去，还猪猪世界以和平。

8.2.4　玻璃塔

可玩度：★★★★☆
当前版本：2.2
适用版本：Android 2.1x及更高版本

在玩家的心中，是否有幻想过像堆积木一样堆一栋高楼大厦？快来尝试一下这款有趣的《玻璃塔》(Glass Tower)吧。在玻璃塔的世界中，无论是高耸入云的地王大厦，还是轰动全国的华西村高楼，在玩家的手指前全部是浮云。

一幢幢岿然不动的玻璃高塔，在玩家的点击下支离破碎、灰飞烟灭。当然，爽快的玩法并不是没有限制。游戏中有不同颜色、不同种类的砖块。而玩家的目标就是在击碎屏幕内所有蓝色的砖块的同时，尽可能保证红色砖块的安全。

而每一关都有从一星到三星的不同评价，大大提高了玩家反复挑战的趣味性。

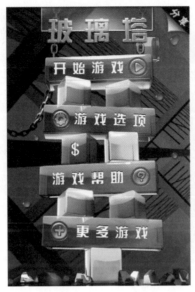

8.2.5　盗梦空间

可玩度：★★★★★
当前版本：1.2
适用版本：Android 1.6及更高版本

这是根据电影《盗梦空间》改编的游戏，游戏中首先要在纸上画出迷宫，然后在这个迷宫中进入梦境，用重力感应操作进行奔跑，途中会遇到干扰者。玩家可以搜集陀螺，解救在梦境中的同伴。

打开游戏后会进入海报界面。同时等待读取进度，因为游戏很大，请耐心等待。

游戏会先打开地图编辑器，玩家需要在这个编辑器中创造一个梦的迷宫，然后执行任务。

当地图完成后Start按钮会变成绿色，这样就可以开始游戏。要注意的是，游戏是利用手机物理重力来控制人物的移动的，所以手机越倾斜，人物移动得越快。

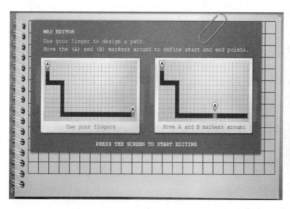 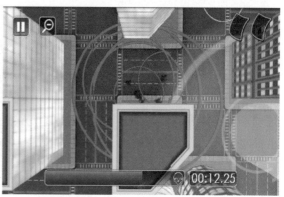

8.2.6 水果忍者

可玩度：★★★★☆

当前版本：1.5.4

适用版本：Android 1.6及更高版本

　　《水果忍者》（Fruit Ninja）是一款超级火暴的游戏，现在登录到了Android平台。在iPhone平台上Fruit Ninja是一款非常好玩的游戏。火热程度超过植物大战僵尸，大名鼎鼎的开发商Half Brick终于将水果忍者搞到Android上了，Android用户可以体验到真正的切水果快感。

　　玩家将会在游戏中扮演一个讨厌水果的忍者，用锋利的刀切开各种水果。只需将手指扫过屏幕，就能像忍者战士般痛快地切开溅出美味果汁的水果。

　　但注意不要触碰混杂其中的炸弹，一旦引发爆炸，玩家的刺激冒险便会瞬间终结！游戏画面精美逼真，音效很棒。

 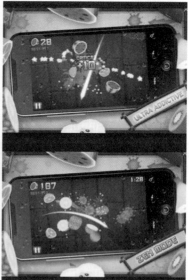

8.2.7　捕鱼达人

可玩度：★★★☆☆

当前版本：3.0

适用版本：Android 2.0及更高版本

《捕鱼达人》(*Fishing Joy*)是一款深海捕鱼游戏。玩家在游戏中用网可捕捉到多达11种鱼类，从观赏鱼到大型鱼，甚至鲨鱼！当你成功捕获时，这些鱼同时也会化为数不尽的金币滚滚而来，堆满你的船舱，这将是一次新奇有趣的探宝之旅！

　　游戏中有不同的鱼群，回报的金币数也不尽相同。只要对准屏幕上的鱼群轻点，就会发射出网来捕捉，玩家将体验到前所未有的爽快感。更有前所未有的独创攻击，可使用激光或者全屏撒网，让捕捉的鱼数加倍，金币加倍。

　　细腻的3D画面，随机畅游世界四大洋，使人一览唯美海底风情。游戏界面更让人有在船上的错觉，更可以随时使用水族馆模式独享快乐捕鱼时光。

8.2.8 会说话的汤姆猫

可玩度：★★★★★★

当前版本：1.3.8

适用版本：Android 1.5及更高版本

《会说话的汤姆猫》(*Talking TOM*)是大家在iPhone上非常熟悉的一只会说话的宠物猫，它

可以在你触摸时做出反应，并且用滑稽的声音完整地复述你说的话。如今这款游戏也移植到了Android平台上。你可以播放你所说的话，你也可以拿它发泄心情，我们一起来看一看。

玩家可以抚摸它，用手指戳它，用拳轻打它，或抓它的尾巴。

玩家还可以录制汤姆复述自己说话的视频，上传至 YouTuBe 或 Face book，并通过电子邮件发送给亲友。

8.2.9 绵羊飞跃

可玩度：★★★★★☆

当前版本：1.0.0

适用版本：Android 1.6及更高版本

《绵羊飞跃》(*Leap Sheep*)是一款非常火暴的 iPhone、iPad 休闲游戏，终于发布了 Android 版。该游戏被评为女生和小孩必玩游戏，YouTuBe上的视频介绍点击次数超过百万。一群小羊从栅栏的一侧往外逃，玩家的任务就是帮小羊们逃出去。

在这款游戏中，玩家要控制可爱的羊儿，

跳过草场层层围栏的阻碍。屏幕右侧有一个进度条，当进度条满管时，可以让当前的羊儿做出特技跳。有时，玩家可以得到疯狂小羊，如火箭一般极速冲向围栏，可以利用它们将围栏边的羊群一起赶到围栏另一侧。游戏的背景随真实时间变化而改变，相当有特色！

8.2.10　企鹅连连看

可玩度：★★★★☆☆

当前版本：2.3

适用版本：Android 1.5及更高版本

《企鹅连连看》(Penguin Pair Up)是一款风格清新、节奏欢快的休闲益智游戏。只要将相同的两个图案连在一起就可以消除，规则简单容易上手。

游戏分为休闲、挑战和极限三个难度模式。每个模式最多可达30关，游戏的目标是在限定的时间内挑战最高分！在游戏界面，按menu键弹出菜单，可重新游戏、切换风格，设置音效。无法连线的情况下可重排列，重排功能冷却时间为15秒。

连连看就这么简单，但是玩好可不容易哦！要巧妙

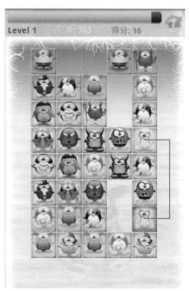

地安排和规划，但当不停的连续消除出现的时候，那种成就感是无可比拟的。

8.3 冒险射击游戏

冒险射击游戏通常是玩家控制角色进行虚拟冒险活动的游戏，其故事情节往往是以执行某个任务或是解开一个谜题的形式出现的。它并没有提供战术策略上的与敌方对抗的操纵过程，取而代之的是由玩家控制角色而产生一个交互性的故事。而这类游戏中出现第一人称时，往往都是射击的形式。在这类游戏中，以射击形式出现的还是比较多的。

8.3.1 怪物大战野猪男

可玩度：★★★★★
当前版本：2.1.3
适用版本：Android 1.5及更高版本

《怪物大战野猪男》是一款iPad、iPhone上的热门火暴Q版动作类游戏，一直得到玩家的青睐，游戏的主角是John Gore（约翰·戈尔），玩家要做的就是控制着John Gore，在一拨又一拨满身尖刺的怪物的袭击下生存下来。

游戏是3D构成，并采用了渲染的技术。游戏的画面看上去很特别，但实际上不是全3D，只有主角、怪物以及一些草丛是3D模型，地图背景还是用2D，不过搭配得十分巧妙，令游戏的画面效果看上去很出众，加上接连不断的枪声、怪物的嚎叫声以及主角幽默的对话，给玩家一种很热闹的感觉，而当主角攒齐了3片幸

运四叶草变身为大型野猪时，其满场的跑动更是把游戏气氛推向了高潮。

8.3.2 神秘仪式3：黑暗元素

可玩度：★★★☆☆

当前版本：1.1.2

适用版本：Android 1.5及更高版本

《神秘仪式3：黑暗元素》（*Mystique Chapter 3 Obitus*）是一款惊悚主题的密室冒险游戏，失忆的主角会出现在一个废弃的洗手间中，这里不断地发生着怪事，还有各种诡异的场景、恶魔的标记等，想揭开谜底的话就只能发挥聪明才智逃脱出去。

主角身在一个医院的地下室中。左边有相邻着的三个房间是可以进入的。从左到右分别是监牢房、洗衣房和锅炉房。背后远处是暂时无法进入的储物室，右上边的门通往发电机房，前面左拐是一个密码门，里面是书房，要通过密码才能打开。

在控制方面，通过触控来控制屏幕左边的两个向上向下的箭头来实现前进和后退，左右转身可以直接移动屏幕。只要靠近物品单击物品即可拾取物品。按menu键可以打开道具栏使用道具。

8.3.3 小猪冒险记

可玩度：★★★★☆

当前版本：1.0.2

适用版本：Android 2.1x及更高版本

《小猪冒险记》是一款从iOS平台上移植过来的益智冒险游戏大作，画面非常出色，游戏角色非常可爱，而且游戏的难度还不算太大，适合于大多数人休闲的时候玩玩。

游戏的主角是一只小的玩具猪，在昏暗的地下室待了不知道多久后苏醒了过来，于是它决定到外面的世界看看！但是这个世界对于小猪来说，一切都是那么新鲜，又充满了危险和刺激。在它的冒险经历中，将会遇到各种各样的障碍物，各种各样的其他游戏角色，玩家的任务就是帮助小猪克服这些障碍。

8.3.4 死亡奔跑

可玩度：★★★★★☆

当前版本：1.0

适用版本：Android 1.0及更高版本

《死亡奔跑》（*Dead Runner*）是Android及iPhone上一款利用重力控制的惊悚逃亡游戏，在快速奔跑中躲避迎面扑来的树木，尽可能维持玩家自己的生命值。

Dead Runner 是一款非常另类的游戏，玩家在游戏中醒来的时候，只能看见漆黑的森林，听见四周风的哀号，周围的一切都似乎在预告灾难即将到来。

游戏画面的整体风格非常灰暗，充满了惊悚的感觉，和游戏名称十分切合。*Dead Runner* 分为两个不同的游戏模式，一个是记录玩家的奔跑距离，而另一个是要求玩家在奔跑时收集不同颜色的光球来增加分数。

8.3.5　化身博士

可玩度：★★★★★★

当前版本：1.0.5

适用版本：Android 2.1x及更高版本

《化身博士》(*Dr. Jekyll & Mr. Hyde*)是一款经典的解谜类游戏。此作品以著名的《化身博士》为故事蓝本，Dr.Jekyll是一位杰出的科学家，他研制的变身药水令他可以化身成阴险恶人Mr.Hyde，显示其邪恶的一面。

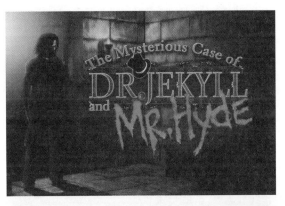

玩家需要交替使用两个不同的主角，利用两个角色不同的特性去解开一些令人紧张的谜题和富有动作技巧的挑战。游戏视角部分调整到了适合玩家的位置，可以让玩家在攻关的时候更加轻松。玩家还可以进入一个移动的化学实验室，随时配置转化药剂，而且这个实验室对于解决谜题来说也是必不可少的。

播放30个精彩的小游戏：采集指纹，用放大镜检查自己的发现，揭示复杂的路径，以及更多！

8.3.6　超级坦克大战

可玩度：★★★☆☆
当前版本：2.0
适用版本：Android 1.6及更高

这是一款多平台的3D坦克对战游戏，算得上是PC平台《坦克大战》的3D Android版，战争是在一个封闭的空间中进行的，坦克种类丰富，场景多样，十分逗趣，游戏操作也很容易，只需要触屏即可。左下角的十字是方向操作，右下角的圆圈是开炮。

游戏中玩家要操纵自己的坦克攻击所有进攻的敌军坦克，并保护己方设施。玩家将在各式各样的地形上与敌军交战，由于是单兵作战，在数量庞大的敌军压迫下，必须利用地形的掩护，才能与之对抗。经常利用游击战术，能较顺利地完成关卡。

游戏中基本上所有场景物品都是可以攻击的，例如树木经过攻击后会着火，继续攻击则会倒塌，这些都添加了游戏的丰富性，让玩家玩起来更有意思。

8.3.7　生死狙击

可玩度：★★★★☆
当前版本：1.0.0
适用版本：Android 1.6及更高版本

一样的主题，却可以带给玩家不一样的震撼！这是一款精彩刺激的联网射击游戏，不要再犹豫不决了！这是一款值得一玩的游戏，

紧张刺激的游戏流程！充满激情的狙击快感！通过完成单机模式下的各种特殊任务，升级装备，让自己变得越来越强！比一比谁才是傲视群雄的真正的狙击之王。

　　游戏采用重力感应系统，随着手机的倾斜，可调整视线与角度，锁定敌人。而且游戏中有多种场景，敌人会在各个场景中随机出现，玩家要时刻提高警惕。

　　操作方法也非常简单，游戏采用全触屏操作，只需动动手指就可以快速捕捉敌人的身影并射击，十分简单。游戏共有6个不同地图，每个地图设3种不同的模式，且每个地图都设置了各不相同的5个特殊任务。

8.3.8　最后的防线

可玩度：★★★★☆

当前版本：1.7.2

适用版本：Android 2.1x及更高版本

　　《最后的防线》是大飞移动设计开发的一款3D画面第一人称射击游戏，并集成了国内强大的微云游戏社交服务，可以让玩家在不断挑战自我的同时还可以线上和朋友交流分享，比拼成就。

独乐乐不如众乐乐！经典抢滩登陆射击游戏，2种游戏模式，7种武器选择，15种场景变化，30个挑战任务，45个常规任务，真实武器特性重现，给玩家最逼真的操作体验。强大的粒子系统营造出真实的战争场景，包括爆炸、飞溅、烟雾、火焰等众多特效共同营造出惊人的画面表现力。

108道关卡点燃你的铁血激情！一样的经典射击，不一样的愉悦体验，首款国人自制3D大作——《最后的防线》，不可不玩！

8.3.9 卡通战争

可玩度：★★★★☆

当前版本：1.0.0

适用版本：Android 2.2x及更高版本

《卡通战争》（Cartoon Wars Gunner+）是一款以卡通火柴人为主题的射击游戏，出自老牌RPG游戏大厂GAMEVIL之手，游戏融合PRG元素，通过玩家触屏控制神射手，以各种射击武器，与各种魔怪进行战斗。

这款游戏的人物设计非常简单，就是由几根火柴构造而成，相当卡通可爱！

在操作方面，与其他触控游戏不同的是，这款游戏需要玩家以拖曳的形式进行射击（可拖曳后不放，持续发射），且每个关卡的可移动范围都非常有限，所以游戏的整体难度较同类游戏高，锻炼用户的反应速度！

8.3.10　机械军团

可玩度：★★★★☆☆
当前版本：1.0.1
适用版本：Android 2.1x及更高版本

《机械军团》（*Death Cop—Mechanical Unit*）是一款华丽的第三人称射击动作游戏，使用的是3D场景和模型。

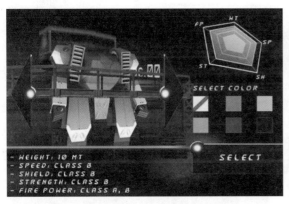
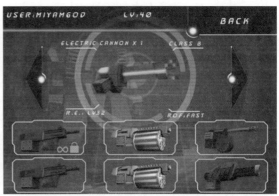

游戏背景是星际大战爆发，敌人侵入了我们的星球，玩家需要控制一台机甲来消灭敌人。这款游戏音效华丽，动作流畅，拥有三种视角，三种机甲，十六个任务，十一种武器。

游戏开始于解放首都的主要通信设备，然后不同的任务会引导玩家去雪山，沙漠中废弃的监狱等更多，直到太空。随着关卡的深入，武器数量也会更多、更强。还等什么，赶快来收割生命吧。

8.4 模拟经营游戏

模拟经营游戏是电子游戏类型的一种，由玩家扮演管理者的角色，对游戏中虚拟的现实世界或物品进行经营管理使用。经营游戏按游戏载体分，主要包括模拟经营类单机游戏和模拟经营类网页游戏。

8.4.1 空中指挥官

可玩度：★★★★★

当前版本：4.0.0.2

适用版本：Android 1.5及更高版本

《空中指挥官》（*Control Air Flight*）是一款很好玩的模拟飞机安全降落的游戏，游戏中玩家扮演了一位空中指挥官，要合理分配空中的飞机，直升机安全降落到地面的跑道上。

游戏中会有多种跑道，玩法上需要根据飞机的颜色和地上跑道的颜色是否相同，将同种颜色的安排到一起。

只要用手指点住要降落的飞机往屏幕上滑动到要降落的跑道上就行了。不过要注意的是，并不是那么简单就能让玩家着落的噢！同时进行的有多架飞机或直升机，要看好位置了，别让它们产生碰撞，如果碰到，游戏就不可以过关了。

8.4.2 交通管制：汽车协管员

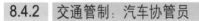

可玩度：★★★☆☆

当前版本：1.1.5

适用版本：Android 1.6及更高版本

《交通管制：汽车协管员》(Car Conductor：Traffic Control)是一款交通管制类的小游戏，游戏中你将扮演一个城市交通协管员。

游戏的主题是玩家要使高峰时间的车辆通行无阻，而交通压力会逐渐增强，但看似上手简单的交通规则，实际并非容易精通，若能有条不紊地处理好交通，那么汽车运行起来通畅无阻，否则就会事故频频，后果不堪设想，游戏中玩家滑动车辆可使其加速，轻点可让车辆暂时停止行动，但想获得高分还需要敏捷的思维与快速的操作。

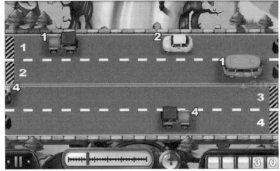

8.4.3　模拟人生3

可玩度：★★★★★☆

当前版本：1.0.15

适用版本：Android 1.6及更高版本

今年EA发布了大作《模拟人生3》，玩家们可以扮成自己的虚拟人物在虚拟的城市中掌控自己的命运，相较于其他平台的移植产品，此款游戏在Android平台上的操作使用的是触摸和重力感应。游戏画面一如往常地符合EA的风格，精美华丽。

游戏中玩家能通过不同的个性和身体特征来自定义游戏的开始，能否实现模拟人生的命运都由自己来选择。

模拟人生中可以通过简单的触摸来探索开放式的游戏世界，整体素质丝毫不逊于iPhone版本，大家可尽情享受模拟人生带来的体验，不管事物好坏，一切皆有可能发生！

8.4.4　遥控飞机

可玩度：★★★★☆☆

当前版本：1.7

适用版本：Android 2.0.1及更高版本

这款《遥控飞机》就像真的遥控飞机一般，屏幕上一左一右就是控制杆，左边是油门和控制尾翼方向，右边是控制左右两边的主翼。

游戏画面效果十分好，以一个操控者的主观角度表达，画面会一直跟着飞机，有 Zoom In、Zoom Out、仰望的效果。

玩家想要飞机起飞，只需将左边控制杆往上推油门，右边的往下拉让飞机爬升。飞机在天空中就可以自由飞翔，飞机撞落地面一样会撞烂的。画面上的建筑物是存在的，所以飞机飞进去是会撞机的。

8.4.5　一起做陶瓷

可玩度：★★★★★

当前版本：1.32

适用版本：Android 2.0.1 及更高版本

《一起做陶瓷》（Let´s Create!
Pottery）是一款原本在iOS平台上相当受欢迎
的游戏，现在移植到Android平台上了。

在这款创意游戏中，有一个转动着的
制作台，玩家在上面放上陶土，然后就可
以勾勒出现在想要呈现的形状，并慢慢地
修改，然后上釉，绘制自己喜爱的图案，
最后制作出自己满意的陶瓷作品。

游戏中玩家可以充分发挥出自己的
创造力与想象力来制作陶器，当制作完成

时，还可以在市场上出售，出售获取的金钱可以去换取新的花纹图案。通过这款游戏，很多
玩家能够减轻自己的日常生活压力，找到内心中真正的安宁。

8.4.6　俄勒冈之旅：定居者

可玩度：★★★☆☆

当前版本：1.0.1

适用版本：Android 2.0.1 及更高版本

《俄勒冈之旅：定居者》（The Oregon Trail: Settler）是Gameloft最近开发的一款清新风格
的经营模拟类的游戏，是一款以19世纪美国西
部大开发时期为背景的游戏。

旅行者们经过长途跋涉，终于找到了一
片风景优美、土地肥沃的定居点。玩家将带领
一群勇敢的开拓者们，亲手建立一座安全、舒
适、繁荣的西部小镇。

玩家战胜了俄勒冈旅途中的重重险阻，现在征服边境的时刻到了！在俄勒冈之旅的后续故事中，玩家将和自己的家人定居下来，兴建新居。兴建建筑、饲养家禽、种植作物，为自己的居民创造幸福，打造属于你的个性化边境之镇。

8.4.7 木瓜农场

可玩度：★★★★☆

当前版本：2.27

适用版本：Android 1.5及更高版本

《木瓜农场》是手机上第一款动画型的农场类游戏，绚丽的画面让玩家完美体验到农场游戏的快感！在一个属于自己的农场里，种植各种蔬菜瓜果，还可以养家畜和宠物，和朋友一起开开心心当农场主，浇水、杀虫、除草、收获，乐在其中！

这款游戏拥有美化的游戏界面，上千种动植物，还提供了很多的装扮供用户来DIY自己的

农场，游戏里提供了一系列的任务，让玩家有事可做。

在游戏之余，玩家还可以打造内容丰富的个人界面，炫酷可爱的虚拟形象，人气十足的聊天室，自建的朋友圈，方便玩家展示自我，沟通交友。

8.4.8 游戏发展国

可玩度：★★★☆☆

当前版本：1.0.7

适用版本：Android 1.6及更高版本

《游戏发展国》（*Game Dev Story*）是一款由日本 Kairosoft 所开发的游戏，这是款非常有

趣的经营类游戏，因为这次玩家将不只是玩游戏，而是要在游戏里开间游戏公司研发游戏，体验经营游戏公司的种种挑战。

游戏的起初，玩家是在一个只能容纳四人的办公室里，拥有两名员工。所以玩家的第一件事就是开发一款游戏，并且招募两名员

工。玩家可以通过消费公司点数来给员工的职位升级，然后通过从每年会来一次的推销员那里购买转职卡来给员工转职。而员工的等级提升之后，玩家也会获得意想不到的惊喜。

8.4.9 维亚小镇

可玩度：★★★★☆

当前版本：1.0.5

适用版本：Android 11.1x及更高版本

《维亚小镇》是一款模拟经营类的游戏，最近在Android平台上，此类游戏出现得还是比

较频繁的，而且绝大多数的都是属于那种非常优秀的游戏类型，今天带来的这款维亚小镇同样也不例外。

在这款游戏中，玩家需要创建自己的小镇，并带领小镇快速发展和扩张。

通过收获各种原料资源，并制造出各种商品来进行贸易，玩家还能够和自己的朋友进行各种交易，以获得金钱来促进自己的更快增长。同时还可以微调小镇的效率和生产力。

快来创建自己的城市吧！让自己的《维亚小镇》变得更加完美哦！

8.4.10 北京浮生记

可玩度：★★★★★

当前版本：1.1

适用版本：Android 1.5 及更高版本

《北京浮生记》是2001年出现的免费单机策略游戏。它以北京为背景，内容是在北京若干地点经商，玩家最终以赚取的金钱进行排名。《北京浮生记》的简单玩法模式受到玩家欢迎，玩家群体以学生和白领为主。

游戏中的商品和事件在写实和夸张之间，风格独特，成为了一款经典国产游戏。

　　游戏中，玩家扮演一位到北京谋生的异地青年。玩家初始只有2000元钱，还欠村长（一个流氓头子）5500元 的债务。但债务的日息高达10%。如果不及时还清，村长会叫在北京的老乡们来讨债，玩家可能牺牲在北京街头。玩家可以在北京地铁各黑市倒卖各种物品来发财致富，以期荣登北京富人排行榜。玩家会遭遇各种事件，让玩家感到浮生艰难、世态炎凉、时代的荒谬。

8.4.11　蘑菇园

可玩度：★★★★☆

当前版本：1.0.7

适用版本：Android 2.2x及更高版本

　　《蘑菇园》(*Mushroom Garden*)是一款从iOS上移植过来的非常有趣的经营模拟类游戏，玩家需要成为一名农民，在温室中种植蘑菇。

　　这款游戏的画面还是比较精致的，里面的蘑菇看起来还是比较可爱的，这也是这款游戏吸引玩家的地方，在这里，玩家能够种植超过30种不同品种的蘑菇，并将一些突变的蘑菇品种添加到自己的百科书中。

　　而平时，玩家一定要注意给自己的蘑菇浇浇水，不要让它们太干了，这对它们的成长不好。

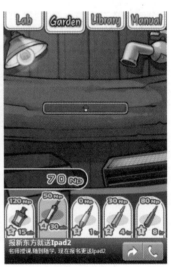

8.5　网络竞速游戏

　　网络游戏(*Online Game*)，又称 "在线游戏"，简称"网游"，是指以互联网为传输媒介，以游戏运营商服务器和用户计算机为处理终端，以游戏客户端软件为信息交互窗口，旨在实现娱乐、休闲、交流和取得虚拟成就的具有可持续性的个体性多人在线游戏。而竞速游戏多是模拟驾驶类的游戏，玩家控制车辆等载具进行竞赛类的游戏，由于其速度与操作感极强，所以受到不少热衷于竞速的玩家的追捧。

8.5.1　QQ欢乐斗地主

可玩度：★★★★★★

当前版本：1.2

适用版本：Android 1.5及更高版本

《QQ欢乐斗地主》是腾讯公司专为喜欢"手机QQ游戏"的用户开发的欢乐系列游戏，游戏中使用欢乐豆作为游戏积分，提供明牌、抢地主、翻倍等多种功能，且支持道具使用、场景切换等超炫效果。享受随时随地的游戏乐趣！

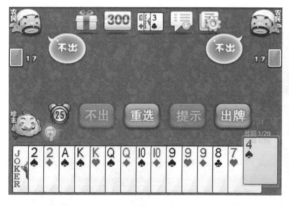
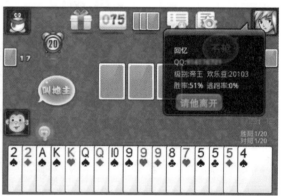

斗地主属于基础类扑克游戏。起源并流行于湖北十堰房县一带，玩法简单，娱乐性强，老少皆宜。据传在万恶的旧社会，地主横行乡里，无恶不作，人们为了发泄对地主的痛恨，常常在一天的劳作之后，一家人关起门来"斗地主"。现已在线上和线下流行JJ斗地主、赖子斗地主等多种斗地主玩法。

8.5.2　三国杀

可玩度：★★★★★★

当前版本：1.3.9

适用版本：Android 1.5及更高版本

《三国杀》是由北京游卡桌游文化发展有限公司出版发行的一款热门的桌上游戏，该游戏融合了西方类似游戏的特点，并结合中国三国时期背景，以身份为线索，以卡牌为形式，集合历史、文学、美术等元素于一身，在中国内地广受欢迎。

《三国杀》中共有4种身份：主公、反贼、忠臣、内奸。游戏开始时每个玩家随机抽取一张身份牌，抽到主公的玩家，要将自己的身份牌明示。其他人的身份牌不能被其他玩家看到。

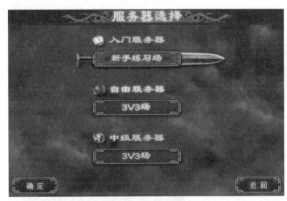 

游戏采用回合制的出牌顺序，由主公开始依次行动，在自己的回合内，玩家需要完成摸牌、出牌和弃牌的过程。游戏牌共分为三大类：基本牌、锦囊牌和装备牌。每类牌里包含了多种同类型牌。每种牌都有自己的独特用处。

8.5.3　QQ都市

可玩度：★★★★☆
当前版本：1.1.0
适用版本：Android 1.6及更高版本

《QQ都市》是由腾讯公司开发的一款全新概念的社交游戏，一起来体验中国最火最受欢迎的基于现实地点的社交游戏吧！

游戏有三种以下职业。

淘金热：可以通过定位功能发现周围的现实商家，去自己感兴趣的地点进行"淘金"，让人有淘到第一桶金的快感！

大富翁：将"淘金"过的地点都买下来。游戏中赚钱最快的方式是结算产业利润哦！神马百万富翁千万富翁，都是浮云！

当老板：光杆儿老板？有了定位功能，所有人的位置都在您的眼底，把玩家的QQ好友都招聘到自己的产业做职员，这样的老板才够V5！

8.5.4 凡人修仙传

可玩度：★★★☆☆

当前版本：1.0

适用版本：Android 1.6及更高版本

这是一款最火暴的仙侠小说同名手游，亿万书迷翘首期盼，演绎纯正凡人修仙传奇！复刻原汁原味的小说剧情，精美绝伦的仙境再现。首创多件法器战斗系统，炼器，炼丹等创新玩法前所未有，与闭月羞花之佳人合体双修不再是梦想，快来创造永生不灭的修仙传说！

游戏属于回合制游戏，打斗场景很出色，游戏中除了有各种各样的怪物外，主角的技能也很绚丽。主角可以拥有许多宝物，特色的战斗系统、炼丹、炼器系统都让游戏的可玩性大大增加。

游戏里的怪物大部分是会主动出击的，会追着主角进入战斗。有些怪物是可以躲过去的，只要不是正面遇到，跑得快的则可以避免长时间的重复战斗。

8.5.5　浩天奇缘

可玩度：★★★★☆

当前版本：1.0

适用版本：Android 1.6及更高版本

　　这是一款大型MMRPG手机网络游戏，颠覆了手游简陋的画质而采用写实古装玄幻风格，代理了高清视觉的盛宴享受。玄幻故事背景设定，深厚的文化底蕴，让玩家在浩天奇缘的世界中展现侠骨豪情。

　　游戏抛弃了传统手机游戏烦琐的遇怪打怪过程，以即时打怪，在线刷新怪物的尝试，大胆创新，连击、暴击、打击的快感誓为手游玩家提供拥有爽快打击感受的娱乐平台。

　　浩天的世界分为两大阵营，即妖灵和人类，配合史诗般的故事背景，白热化的战事局势，对战一触即发，势力战、领土战、攻城战无疑是游戏中最激动人心的核心亮点。

8.5.6　跑跑卡丁车

可玩度：★★★★☆☆

当前版本：1.0

适用版本：Android 2.2x及更高版本

　　《跑跑卡丁车》是由韩国Nexon公司制作的热门休闲竞速网游，游戏设有多张赛道地图可供选择，同一张地图内支持4名选手同场比赛。游戏方式包括比赛和计时模式，同时还允

许玩家选择道具或者竞速模式。

游戏中的阴影、树木、障碍物、坡道等都与PC版没有太大差别。游戏的界面操作等也与PC版相似，最让人惊讶的是赛车的操控性和反应度都十分灵敏。

最受玩家关心的竞速漂移由于需要额外按下一个漂移键，使得操作上有一定的难度。所以对新手玩家而言，跑跑卡丁车会比其他手机赛车游戏更难以控制和把握。

8.5.7 极品飞车13

可玩度：★★★★☆

当前版本：1.0.73

适用版本：Android 1.6及更高版本

这是一款著名的赛车类竞速游戏，《极品飞车》系列的第13代正统续作。拥有完全拟真的逼真驾驶体验，完美的镜头，以及紧张激烈、极富逻辑与登峰造极的游戏过程，使得Need

for Speed Shift被评为迄今为止最好的赛车游戏。

这款游戏无论娱乐性与拟真模拟度都达到了前所未有的高度。弹性的难度设置可以迎合不同层次的玩家。

极品飞车EA NFS Shift让玩家挑战世界三位最顶级赛车选手，体验24项全新赛车运动，征战8条不同赛道，操控8款世界顶级赛车。使用现金奖励扮靓玩家的座驾，更可查阅车手资料。准备好了吗？现在就开始你的职业车手生涯！

8.5.8　疯狂卡丁车

可玩度：★★★★☆☆

当前版本：1.2.7

适用版本：Android 1.5及更高版本

《疯狂卡丁车》是一款iPhone、iPad上被玩家和Konami寄予厚望的休闲赛车类大作。这款作品是Konami拿来和任天堂的马里奥卡丁车进行竞争的重要武器，类似于《跑跑卡丁车》的游戏风格并且支持多人对战，受到广大玩家的喜爱。

游戏为玩家提供了多种游戏模式，还提供了16条不同的游戏赛道，耐玩性和游戏性都比较高。

默认操控是以重力感应来实现的，通过左右倾斜机身来实现方向的改变，获得道具后点触屏幕即可使用道具。

实际操控还是有一定难度的，方向控制上比较灵敏，稍微倾斜机身即可实现比较大的转弯幅度，控制不好极容易甩出赛道，玩家需要一段时间的适应才能上手。

8.5.9　极限方程式

可玩度：★★★★☆

当前版本：1.1.5

适用版本：Android 2.0.1及更高版本

一款在线体育3D竞速的游戏，曾经在iPhone上大受好评，现在终于登上了Android平台了！作为一款赛车游戏，极限竞速的操控感非常出色，有点像热力追踪的感觉，渐近性较好，快来驾驶最快的赛车来挑战奇妙的视觉，体验下吧！

赛车运动起源距今已有超过100年的历史。最早的赛车比赛是在城市间的公路上进行的。许多车手因为公路比赛极大的危险性而丧生，于是专业比赛赛道应运而生。第一场赛车比赛于1887年4月20日在巴黎举行。

而现在，这种历史悠久的运动登上了手机，只需要轻轻地晃动手机即可参与到这古老的竞技中，还等什么呢？

8.5.10　狂飙旧金山

可玩度：★★★★☆☆

当前版本：1.1.3

适用版本：Android 1.5及更高版本

应该有很多玩家在电脑上玩过这款游戏，Ubisoft开发的一款赛车游戏，而这次Gameloft开发了这款游戏的安卓版。

游戏中玩家将扮演旧金山的一名私人侦探，每日在街上开车晃悠，寻找犯罪分子线索，剧情听起来确实挺酷的。而游戏走的是复古风格，整个画面颇有几年前Java游戏的风格，真让人怀旧了一把，喜欢这款游戏PC版的朋友可以玩一玩，回顾回顾这精彩的剧情！

游戏支持重力感应，所以在操作方面，玩家左右晃动手机即可控制车辆的方向。

8.5.11　直线加速大赛

可玩度：★★★★★☆

当前版本：1.4.9

适用版本：Android 1.6及更高版本

《直线竞速》（Drag Racing）是一款画面还算不错的2D直线赛车游戏。比赛方式很简单，

两辆车中哪辆第一个冲过设定终点线就算胜利，该游戏不同于技巧类型的赛车游戏，更多的是考验你的反应能力和判断能力。

　　游戏的玩法非常简单，游戏开始前，玩家需要购买一辆新车，一开始，踩油门启动游戏，然后必须要通过速度表两侧的挂挡按钮来逐步提高汽车的行驶速度。

　　这款赛车游戏最大的特点在于它模拟了真实驾车中的一些诸如挂挡的技巧。一味地踩油门会很快被对手超越的。赢得的赛事奖金可以用来买新车，也可以用于升级改良赛车装备。

8.6　策略棋牌游戏

　　策略类游戏提供给玩家一个可以多动脑筋思考问题、处理较复杂事情的环境，允许玩家自由控制、管理和使用游戏中的人或事物，通过这种自由的手段以及玩家们开动脑筋想出的对抗敌人的办法来达到游戏所要求的目标，以取得各种形式胜利的游戏，或统一全国，或开拓外星殖民地。而棋牌游戏是从明清开始一度兴盛，涉及赌博等。在华语区影响较深的主要有扑克、斗地主、麻将、中国象棋、中国跳棋、军棋、黑白棋、五子棋等。

8.6.1　植物大战僵尸

可玩度：★★★★☆

当前版本：1.0

适用版本：Android 1.5及更高版本

　　《植物大战僵尸》是一个看似简单实则极富策略性的小游戏，游戏中玩家需要建造各种植物来阻挡僵尸进入庄园，有的植物可以获取

阳光，有的植物可以攻击敌人，还有一些拥有特殊功用的植物，然而每个地图可以选用的植物种类是有限的，用有限的植物种类催生出无限的策略组合，这就是《植物大战僵尸》风靡全球的原因。

《植物大战僵尸》对玩家要求的是大脑的智慧和小脑的反应，既要有正确的战略思想还要靠战术将战略实现出来。战术范围非常广，植物的搭配、战斗时的阵形、植物与僵尸相遇时是战是防，这都属于战术的范畴。

虽然这里的是手机版，游戏的内容、画面的精美等却丝毫不比PC端的差，玩家同样体验到僵尸与植物大战的快感。

8.6.2　仓鼠大炮

可玩度：★★★★☆☆

当前版本：1.5

适用版本：Android 4.1及更高版本

仓鼠大炮是一款从iPhone上移植过来的画面精细的策略游戏，游戏的主角是一只可爱的小仓鼠。玩家则需要将小仓鼠放入到大炮中去，然后发射出去，收集各种甜点。

游戏中玩家控制着大炮，选取要用的仓鼠，然后调整好角度，瞄准甜点，发射。成功吃到的甜点的数量决定着最后的得分。

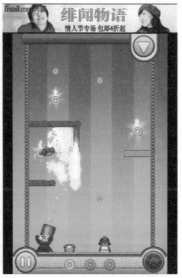

卡通的画面加上简单的玩法，可爱的造型加上炫酷的效果，已经让这款游戏拥有了让玩家喜欢的资本，还等什么，快来一起吃甜点吧！

8.6.3　红警2 世界联盟

可玩度：★★★★☆

当前版本：1.6.4

适用版本：Android 2.1x及更

高版本

　　《红警2 世界联盟》(*Art of war2*)是一款比较经典的军事战略游戏，曾经在PC上令人爱不释手，如今在手机上也能重现当年的光辉！它有着优良的3D画面，各职业力量制约平衡，战斗血腥刺激。丰富的人员类和战车类战斗单位，以及多样化的玩法，为玩家提供多种深度战术的可塑性。

　　游戏中，玩家不用担心资源的获得，但战争行动和基地建设务求玩家重视，然后全力指挥军队投身军事大作战！

　　从神秘的亚马逊森林，到富饶的安第斯山脉，玩家将不断挑战各种任务，务求消灭所有反对势力！

8.6.4　百战天虫

可玩度：★★★★☆☆

当前版本：0.0.15

适用版本：Android 1.6及更高

版本

　　《百战天虫》(*Worms*)是一款大名鼎鼎、

搞怪幽默的游戏，不过现在已经登录Android平台了，自从最初版本(1994年DOS版)发行以来，Worms系列的游戏性特点基本上没有任何变化。

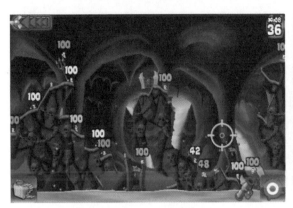 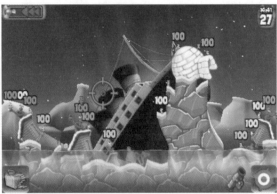

由几十种虫子用的武器组成了破坏性和玩笑意味浓厚的军火库。而且除了常规战争中的一些武器外，玩家的虫子还可以召唤更加奇异的毁灭性武器。

玩家可以使用棒球棒、绵羊炸弹、强大的疯牛、香蕉炸弹、喃喃自语的老妇和Monty Python(不列颠荒诞幽默喜剧剧团)风格的神圣手雷等更加古怪的武器。

8.6.5 卡坦岛

可玩度：★★★★★☆
当前版本：2.1.4
适用版本：Android 1.6及更高版本

《卡坦岛》(Catan) 是一款由PC移植过来的策略类游戏，历10余年而声势不坠，曾被评为"超过五星级的思考策略游戏"，是一款深受玩家称赞的思考策略游戏，1995年出版时即荣获德国年度最佳游戏和德国玩家票选最佳游戏第一名。

卡坦岛由六角形的地形组成。这些地形分别是平原、草原、森林、山丘和山脉。

玩家需要建立聚落、城镇，在边线建造道路。不过，玩家的聚落、城镇、道路不可以共存于同一的角或边线，因此玩家需要扩张争取生存空间。物产的生产则掷骰决定，除自我生产外，交易物产也是必需的。玩家在面对他人的竞争的同时，需要与他人互通有无，并注意岛上贼匪阻碍生产。玩家朝合作目标前进之余，也要寻找自己的制胜之道。

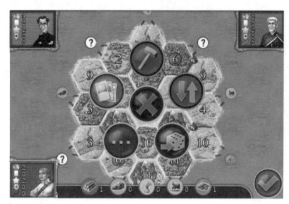 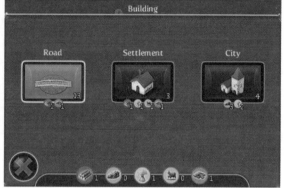

8.6.6　欧陆战争

可玩度：★★★☆☆

当前版本：4.1

适用版本：Android 1.5及更高版本

《欧陆战争》(*European War*)是一款新型策略类游戏，可以将玩家带到18—19世纪充满战火硝烟的欧洲大陆。玩家得灵活运用各种策略来打倒其他势力，征服整个欧洲大陆。

　　游戏中登场的主要有六个帝国：英国、法国、德国、俄国、奥匈帝国、土耳其帝国，在征服模式中，玩家可以选择任意一个国家进行游戏。

　　玩家依靠占领新的领土来增加税收，如果把敌国的首都占领，那么该国的其他领土也归玩家所有，税收方面也是这样来获取的。另外，税收可以用来购买卡片，卡片包括征兵卡、将军卡、元帅卡、炮兵卡、堡垒卡、炮击卡，以及每个国家特有的特殊技能的卡片等。

8.6.7　象棋大师

可玩度：★★★★★★
当前版本：2.0
适用版本：Android 1.6及更高版本

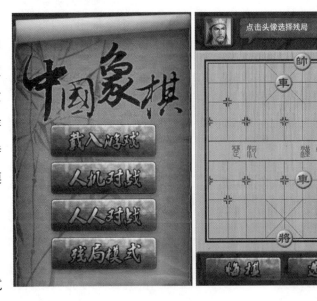

　　象棋在中国有着悠久的历史，属于二人对抗性游戏的一种，由于用具简单，趣味性强，成为流行极为广泛的棋艺活动。《象棋大师》将这种游戏搬上了手机，它是一款支持人机对战、人人对战、残局模式和载入游戏。

　　电脑AI超强，反应超快，喜欢象棋的朋友不要错过哦！点击头像选择难度，残局模式下点击头像进入下一关。

　　棋子活动的场所叫做"棋盘"。棋盘上有横竖相交的九十个交叉点，棋子就摆在交叉点上。中间部分的空白地带称为"河界"。以斜交叉线构成"米"字方格的地方叫做"九宫"，象征着中军帐。

8.6.8　飞行棋大战

可玩度：★★★★☆☆
当前版本：1.4
适用版本：Android 2.1x及更高版本

　　飞行棋大战一触即发！《飞行棋》是诸多玩家必玩的童年经典游戏，留下不少美好的童年回忆！这款飞行棋界面简洁，棋盘一目了然，玩法和传统的飞行棋一致！

飞行棋是常见的休闲类版图游戏。它是以模拟飞机飞航为主题，游戏以飞机由机场起飞至目的地，先到达者为胜，所以称为飞行棋。

飞行棋是中国参考英国图版游戏Ludo发展出来的（而Ludo则是从印度游戏Pachisi演变出来的）。

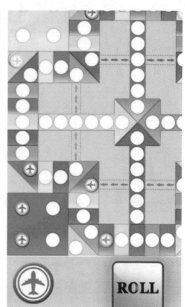

8.6.9 国际斯诺克

可玩度：★★★★☆

当前版本：1.8

适用版本：Android 1.6及更高版本

在《国际斯诺克》（International Snooker）游戏中，玩家可以体会这款游戏3D画面制作精美，感受流畅运行的游戏，加上优秀的操控处理可以让玩家体验到斯诺克台球所独有的精准操作。

斯诺克（Snooker）意思是"阻碍、障碍"，所以斯诺克台球有时也称为障碍台球。

一击后，由于死球的阻碍使得对手不能从任意球的两边直线通过来击打主球，即称为

斯诺克。使得这一种情况出现的选手行为称为"做斯诺克",而另一方则需要"解斯诺克"。当台面上的最高分数仍落后对手的时候,就需要通过做斯诺克来迫使对方失误犯规罚分。

8.6.10 EXCEL杀

可玩度:★★★★★★

当前版本:M2.26

适用版本:Android 2.2x及更高版本

《EXCEL杀》(ExcelSGS)是三国杀玩家六只蚂蚁在2010年圣诞节推出的一款可以在办公室Office Excel上进行单机开杀的杀人游戏,迅速被办公室白领、学生一族所喜爱,新浪、网易等大网站第一时间就作了报道,并被玩友们广泛传播到各个网站、论坛中。

在《三国杀》游戏中,玩家将扮演一名三国时期的武将,结合本局身份,合纵连横,经过一轮一轮的谋略和动作获得最终的胜利。

《三国杀》最主要的特色,就是身份系统。《三国杀》中共有4种身份:主公、反贼、忠臣、内奸。主公和忠臣的任务就是剿

灭反贼,清除内奸;反贼的任务则是推翻主公。内奸则要先清除其他人物,然后单挑主公。

8.6.11 军棋

可玩度：★★★★★☆

当前版本：1.20

适用版本：Android 1.6及更高版本

军棋，又名陆战棋，相信大家一定玩过。这是一款界面精美、功能丰富的军棋游戏。

军棋是在我国深受欢迎的棋类游戏之一。行走路线包括公路线和铁路线，显示较细的是
公路线，任何棋子在公路线上只能
走一步；显示粗黑的为铁路线，铁
路上没有障碍时，工兵可在铁路线
上任意行走，其他棋子在铁路线上
只能直走或经过弧形线，不能转直
角弯。棋子落点包括节点和行营两
个大本营，行营是个安全岛，进入
以后，敌方棋子不能吃行营中的棋
子，军棋必须放在大本营中，进入
任何大本营的棋子不能再移动。

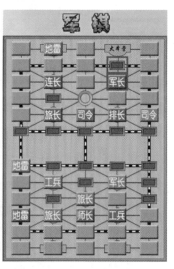

8.7　音乐塔防游戏

音乐类游戏是跟随音乐的节奏，通过按键，使模拟器（或键盘）发出相应的音效的一类
游戏。游戏中，不断出现的各种按键合成一首歌曲，类似于奏乐。这类游戏主要考的是玩家
对节奏的把握，以及手指的反应和眼力。而塔防是指一类通过在地图上建造炮塔或类似建筑
物，以阻止游戏中敌人进攻的策略型游戏。

8.7.1　DJ之王

可玩度：★★★★★☆

当前版本：1.5.1

适用版本：Android 2.1x及更高版本

《DJ之王》是一款将音乐跳舞机与角色扮演结合起来的有趣游戏，卡通风格的画面非常精致。游戏背景是在玩家生活的地区，玩家是一位知名的DJ，也是夜总会的主人。而布兰德公司却抢占了玩家的夜总会，玩家要凭借自己的音乐才华夺回自己的东西，证明自己是DJ之王！

游戏虽然是音乐，不过看提示和图标还是很容易玩的。游戏开始就是挑战夜总会的其他DJ。比赛的方式和跳舞机的玩法差不多，而一旦胜利玩家的对手就会羞愧地离开，而自己能获得经验。

游戏中有很完善的RPG系统，比如玩家升级后可以为自己的人物加属性点，用多达9种特殊技能对抗难缠的boss，在商店里购买道具等。游戏还支持同城网络联机对战。

8.7.2　随身鼓

可玩度：★★★☆☆

当前版本：1.61

适用版本：Android 1.5及更高版本

《随身鼓》（aPortaDrum）是一款专门为Android使用者设计的打鼓应用程序。有了这个应用程序你就可以握住手机就像握住你的打鼓棒一样来打击你面前的虚拟鼓乐器，还可以用两台手机双手握鼓棒击打。

程序简单易玩，却可以给玩家带来不一样的感受。用两台手机玩的效果是最好的。当学习工作让玩家觉得疲惫的时候这也是个不错的减压方式。不要等了，尽情挥舞出属于自己的节奏吧！

8.7.3 DJMAX音乐游戏

可玩度：★★★★☆

当前版本：1.1.4

适用版本：Android 2.2x及更

高版本

这是一款Android平台韩国的音乐游戏大作DJMAX（TAP SONIC），类似于劲乐团的音乐游戏，十分好玩，音质画面也很不错！

游戏通过伴随音乐的旋律、节奏或鼓点来按键的形式进行。通过利用一个卷轴通道，以落下音符的形式表达这些元素。

游戏有5键和7键两种按键形态，以及简单、普通和困难3个难度等级。有两个为个别歌曲设计的特殊难度：SC（Super Crazy）和MX（Maximum）。玩家可以通过练习模式单人游戏，也可以通过连线模式和别的玩家竞技，而在连线模式中也有利用不同道具的特效竞技的道具模式和比较总分高低的对战模式。

8.7.4 音乐客

可玩度：★★★☆☆

当前版本：1.21

适用版本：Android 2.1x及更

高版本

《音乐客》是一款音乐节拍类游戏，游戏的玩法类似劲乐团，本游戏支持读取手机SD卡内的音乐，从而产生音乐节拍并进行游戏，让你边欣赏音乐边演绎音乐，屏幕上将会出现华丽炫目的图像，让视听得到完美结合，将为你的闲暇时光带来给更多的乐趣。

这款游戏支持很多音乐，可以添加手机内音乐进行游戏，用自己最爱的音乐演绎只属于自己的节拍时刻。

  游戏是全中文菜单的，中文提示可以让玩家游戏更轻松，玩法也较为新颖，操作简单。进入软件后轻点"添加歌曲"按钮即可添加手机内音乐，轻点"开始"按钮即开始游戏，轻点时间条可以暂停或继续，轻点"返回"按钮，可以返回主界面更换音乐。

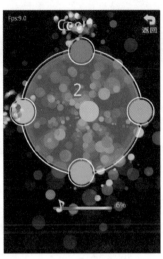

8.7.5　熊猫劲舞团

可玩度：★★★★☆

当前版本：1.0.0

适用版本：Android 1.6及更高版本

  《熊猫劲舞团》(Dance Pandas)是一款有趣好玩的音乐动作类游戏。游戏中，有一群可爱的小熊猫在扭捏地跳舞。如果你的操作完美熟练，小熊猫的舞蹈动作会变得越来越好玩。

  游戏中有多个小熊猫角色，分别是游戏主人公宝宝和它的朋友妮妮、小静、动动和阿酷。它们会在不同的游戏关卡里登场，为玩家们带来有趣好玩的可爱舞蹈。

在不同的游戏关卡中，向玩家们提供了普通点击、多次连续点击、滑动、晃动手机等多种手势操作。游戏中设计了各种各样的有趣好玩的关卡。当你出色地完成了游戏的当前关卡后，后面的游戏关卡会自动解锁。

8.7.6　贪婪的猪

可玩度：★★★☆☆

当前版本：1.2.2

适用版本：Android 1.5及更高版本

《贪婪的猪》是一款较为有趣的塔防类的游戏，故事讲述绿色森林中矮人们是这个世界上最诚实的人之一，他们被赋予特殊任务，是为了保护魔法布泽桶，但是贪婪的猪也想要得到魔法布泽桶，所以矮人们决心拿起手中的枪和剑来对抗这些猪。

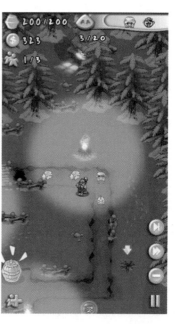

玩家需要抵御贪婪的猪对矮人家园的攻击，玩法上总体是比较经典的。

在游戏中玩家可以选择三种不同的职业，每一种都具有自己独特的技能，而且玩家控制的矮人可以升级两次，分别为升级为主矮人和英雄矮人，游戏拥有故事模式和生存模式两种游戏模式，还有几十种不同风格的地图以及非常可爱的怪物，玩家可以把它们看成是可爱的宠物。

8.7.7　魔法贵族

可玩度：★★★★★☆

当前版本：1.63

适用版本：Android 2.1x及更高版本

《魔法贵族》(*Lord Of Magic*)是一款混合角色扮演(RPG)和塔防的游戏，这款游戏的画面相当出色，游戏的玩法也与众不同。游戏中玩家将成为一名年轻的魔法师，玩家需要保护自己的魔法塔不被怪物入侵。

玩家在学校里要学习3种魔法和一种技能中的23个咒语与法术；游戏拥有3个不同地点的19个等级；有12种具有特殊能力的怪物。

游戏控制方面，发射装置在两支剑之间不断闪烁的光球，通过滑动手指来发射出魔法火球将敌人杀死（滑动的速度越快火球的移动速度也就越快）。

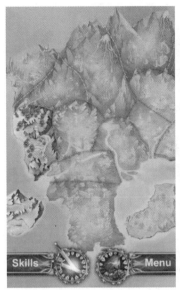

8.7.8　公寓塔防

可玩度：★★★☆☆

当前版本：2.3

适用版本：Android 1.5及更高版本

《公寓塔防》是西柚工作室开发的一款Android平台创新动作塔防游戏。

游戏共3个场景，15个关卡，主人为了保卫公寓不被邪恶的敌人侵入，开始了这场公寓塔防之战。敌人在向公寓前进的途中，主人以扔花盆杀死敌人，换取金钱，购买道具，奋勇杀敌升级过关的同时，人物的攻击性和场景都

在升级。

Q版细腻华丽的美术效果，配合可爱的怪兽、灵活的主人，极具冲击力的动作特效，营造完美的游戏体验。

8.7.9 水晶塔防

可玩度：★★★★★☆

当前版本：2.6.1

适用版本：Android 1.1及更高版本

《水晶塔防》是由SMARTPIX公司所制作，是众多塔防游戏中的一种，但是以其独特的构思，通过制造水晶来消灭敌人给人耳目一新的感觉。游戏背景是：作为魔法水晶之主，玩家回到了面目全非的家乡，玩家必须施展自己所拥有的魔法，重新夺回属于自己的城堡。

游戏中，基本可以使用到的炮塔类型有四种，分别是红色、蓝色、绿色及黄色，每种都有自己的功能。每种水晶又分成五个等级，同等级融合可以再升一级。也可以混合颜色混搭攻击效果，水晶本身还可以直接提升攻击速度及范围，而且这两个属性是可以继承的。

除此之外还有水洼和旋风可以搭配使用，水洼可以缓慢敌人移动速度，旋风可以一定几率地使敌人回头。

8.7.10 钉子户大战拆迁队

可玩度：★★★★☆☆

当前版本：1.0

适用版本：Android 1.0及更高版本

这款游戏是幻游(Miragine)出品的Flash塔防类游戏。通过模仿《植物大战僵尸》而在网上爆红。作为攻击方的"拆迁队"从右边出现，防守方是一户姓"丁"的"钉子户"。玩家通过召唤防守人员(家丁)来抵御进攻人员(拆迁队)。

　　游戏共有包括"生存模式"在内的七道关卡。随着关数的增加，钉子户大战拆迁队难度也越来越高，会不断出现新的拆迁队。主画面是一片空荡荡的工地，一栋4层楼房孤零零矗立在屏幕最左侧，墙上写着"拆"字，周围满是高耸的楼房。

　　面对"拆迁队"的进攻，玩家需要轻点"召唤家丁"按钮派出不同的人来防守不同楼层，选取不同武器对"拆迁队"进行攻击。但玩家只能选择6个家丁中的4人来防守。每打倒一个"拆迁队员"，玩家都会得到相应的金币奖励，家丁的攻击力可以进行升级。

8.8　角色扮演游戏

　　在角色扮演游戏(Role-playing game, RPG)中，玩家扮演虚拟世界中的一个或者几个特定角色在特定场景下进行游戏。角色根据不同的游戏情节和统计数据(例如力量、灵敏度、智力、魔法等)具有不同的能力，而这些属性会根据游戏规则在游戏情节中改变。

8.8.1　艾诺迪亚3

可玩度：★★★★☆
当前版本：1.1.9
适用版本：Android 2.1及更高版本

　　艾诺迪亚3：卡尼亚传人(*Children of Carnia*)是一款从iOS平台上移植过来的RPG游戏，这款游戏采用了日式游戏的风格，看起来还是相当值得期待的！

有组织的组团功能：一个独特的组团战斗系统，能将最多六个角色组合在一起，发挥各自的特长和技能，可以单独控制每一个角色，也可以让他们相互配合进行战斗。

通过故事模式，不仅可以获取各种角色人物，还可以聘请雇佣军，每个角色都有个性化的服装、进攻武器和防御武器。游戏中有超过130个地图可供冒险，共230个不同的任务。

8.8.2 游击队鲍勃

可玩度：★★★★☆☆

当前版本：1.3

适用版本：Android 2.0.1及更高版本

《游击队鲍勃》是一款从iOS上移植过来的第三人称射击类的角色扮演游戏，游戏画面非常绚丽精细，整个游戏过程充满了紧张与刺激，相信火爆的战斗场面能够满足你最苛刻的要求。

在这款游戏中，玩家将扮演雇佣军人鲍勃，现在，玩家要深入敌人内部，拿起手中的枪与人数众多的敌人作战吧！

在游戏中，鲍勃将可以收集或者使用资金在商店内解锁武器，每一种武器都可以进行升级，看看他将用哪些武器作战吧：机枪、定时炸弹、瓶装汽油弹、散弹枪、冲锋枪、火焰喷射器、榴弹发射器、黏性弓和链条枪。

8.8.3　仙剑奇侠传

可玩度：★★★★☆

当前版本：1.1.5

适用版本：Android 1.6及更高版本

提起《仙剑奇侠传》这款游戏，相信不少的仙剑迷都对单机版的仙剑系列情有独钟，现在仙剑迷有福了，可以摆脱PC了，能在手机上面体验到不一样的感觉了。

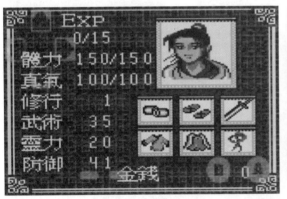

这是一款根据《仙剑奇侠传》改编的RPG游戏。江湖大侠之子李逍遥被婶婶抚养大，天天幻想着成为天下无敌的剑侠，因无意中给酒剑仙喝了桂花酒而学得了御剑术，从此开始了他的不平凡的人生道路，后因婶婶生病，又无意中遇见了自己的妻子赵灵儿，而后在漫长的剧情中，又遇见了另外两位女主角林月如和阿奴，面对三个女孩，这位年轻人究竟应该何去何从？

8.8.4　侠盗猎车手3

可玩度：★★★★☆☆

当前版本：1.0

适用版本：Android 2.1x及更高版本

《侠盗猎车手》（Grand Theft Auto）是ROCKSTAR游戏的一个代表作游戏，在PC端拥有非常大的影响力。近日，这款游戏大作在iOS和Android上同步上市，将会为玩家带来最为真实和黑暗的黑社会生活。

《侠盗猎车手3》是ROCKSTAR公司GTA系列划时代的一个版本，曾经轰动了游戏界。游戏制造了一个模拟现实，有着多元民族、文化背景的城市。玩家扮演一个主人公在城市里开放式生活，犯罪也是允许的，最大特点是冷幽默。主线故事人物性格鲜明，对话经典，主角是坚强、冷静的男子汉，故事结束总能充分满足玩家扮演男子汉的愿望；你也可以在大街上用各种武器滥杀无辜。总之这系列游戏是放松身心的娱乐选择。

8.8.5　蜘蛛侠

可玩度：★★★★★☆

当前版本：3.2.8

适用版本：Android 2.0及更高版本

Gameloft 终于推出 Android 版《蜘蛛侠》（Spider-Man），游戏讲述纽约市现在正面临着

巨大的危机，众多危险的一级犯罪分子从监狱中逃脱了出来。而蜘蛛侠将为了纽约市，再一次面对这些老对手——Sandman、Rhino、Electro、Venom、Dr Octopus和Green Goblin，以及他自己的黑暗面……

　　游戏中玩家可以享受20多个战斗连击的超动感游戏体验，可以利用蜘蛛侠非凡的灵活性飞檐走壁，此外蜘蛛侠还具备了超必杀能力。玩家在本作要面对的敌人将更加强大。

　　整个故事流程中包含了多个关卡，设置了12个等级，玩家可以选择升级力量、防御、特技，期间还将穿插电影中没有出现的漫画版剧情和原创剧情。

8.8.6　勇者之心

可玩度：★★★☆☆

当前版本：1.2

适用版本：Android 1.5及更高版本

　　《勇者之心》是一款iOS平台策略/角色扮演类游戏，后移植到Android平台。游戏中有骑士、游侠、法师、术士、盗贼、僧侣等多个职业供玩家雇用，有丰富的技能供选择。玩家最多可以组成一个四人队伍击杀关卡中的怪物来获取道具，并且可以挑战竞技场获得顶级装备。

　　游戏中玩家可以拥有多种不同的职业角色，例如基本的战士、盗贼、法师和牧师职业。而敌人的角色也会包含多种不同的职业和种族。

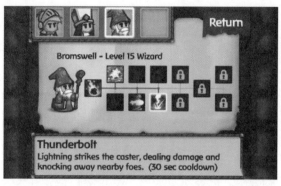 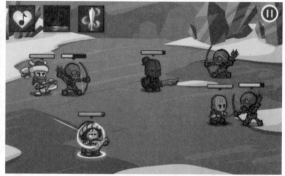

不同的职业也会有不同的技能魔法，例如防御提高、生命恢复、火焰球和毒雾之类的。合理地利用可以控制战局，令己方取得优势。

8.8.7 三国演义

可玩度：★★★★☆

当前版本：1.0

适用版本：Android 1.5及更高版本

这款《三国演义》是以三国为题材所开发的游戏，游戏中五虎上将独占副将系统，百种神兵强化、镶嵌、秘笈、珍宝、名马、玉石收集让人欲罢不能。游戏还拥有超炫必杀技能，宏大战争场景，长达50小时的三国历史剧情。

游戏采用经典的2D场景，在画面上，角色和场景所该有的各种细节也都做得相当不错，玩法与众多2D游戏并无多大区别，相信这熟悉的界面及操作能勾起很多玩家的回忆。

　　在游戏操控上，采用了左右模拟按键的方式，左侧有方向键和攻击键，右侧有辅助功能按键，可见游戏作者还是蛮细心的。

8.8.8　上古部落

可玩度：★★★★★★

当前版本：1.4

适用版本：Android 2.1x及更高版本

　　《上古部落》（Ancient Tribe）由CDE开发，深圳市创梦天地科技有限公司代理发行，是一款非常有趣的策略型角色扮演类游戏。玩家将扮演远古部落中的神灵，率领部落打猎、开采资源，然后利用这些资源繁衍壮大部落的人口，升级科技与装备与建造一座神迹。

　　游戏里包括了9种不同的原始人战士，10种以上的坐骑，5种不同作用的神力。玩家可以训练并招募不同技能的战士配合作战，捕捉各类坐骑，策略性地运用不同的神力快速作战，击杀野兽，并收集尽可能多的资源，包括训练原始人、招募部队、狩猎、搜集资源、扩展人口、提升村庄级别等。玩家可以利用收集得到的资源提升技术及装备，当部落发展到一定程度时，村民就会兴建奇迹建筑来敬拜玩家。

8.8.9　决斗：刃魔

可玩度：★★★★★☆

当前版本：1.02

适用版本：Android 1.6及更高版本

　　决斗：刃魔是一款从iPhone移植过来的游戏，游戏中玩家将和玩家的朋友一起与各种怪物进行战斗，游戏中虽然有格斗成分，但是其庞大的养成系统和对战模式才是其最大的亮点。

　　游戏拥有宠物系统，超过30种宠物供玩家选择。游戏开始玩家会得到5000枚硬币，用来购买武器和其他物品。

　　进入游戏后玩家可以选择职业：战士或者女巫。由此决定了玩家将来的技能和装备种类。和经典的RPG游戏一样，玩家可以通过完成任务或者竞技场获取经验与金钱，在商店购买装备，越来越强大。与世界各国的玩家一决高下吧！

附　录　Android系统名词解释汇总

1．固件、刷固件

固件是指固化的软件，英文为firmware，它是把某个系统程序写入到特定的硬件系统中的flashROM。

手机固件相当于手机的系统，刷新固件就相当于刷系统。不同的手机对应不同的固件，在刷固件前应该充分了解当前固件和所刷固件的优点缺点和兼容性，并做好充分的准备。

2．固件版本

固件版本是指官方发布的固件的版本号。里面包含了应用部分的更新和基带部分的更新。官方新固件推出的主要目的是为了修复已往固件中存在的BUG以及优化相关性能。

3．CID、superCID

CID是Customer IDentity的缩写，简单来说就是手机的平台版本。

刷机过程中SPL需要根据CID校验ROM是否可用，并决定是否刷入，一般情况下要求一定要对应CID的ROM才可以用，CID不同的ROM是刷不上去的。对于普通的CID来说，一般有两个限制：①不能刷入低版本的ROM；②不能刷入不同平台的ROM，比如在台版机上刷欧版ROM、跨型号刷ROM等。SuperCID有些型号手机的CID的限制是可以通过软件来破解的，已知的有577W、586W等，但也有些型号目前还没有有效的方法破解CID，如838G4。

破解限制之后的CID称为SuperCID，拥有SuperCID的机器可以刷任意版本和平台的ROM。具体来说，同一个手机既可以刷台湾地区的ROM，也可以刷日本的ROM，也可以刷香港地区的ROM等。甚至也可以刷进一个其他型号手机的ROM(如586W刷577W)。但是这也带来很大的危险性，因为没有了限制，没有了校验，刷入一个错误的ROM也是很容易的事。我们一般刷机时需要破解为SouepCID，因为一方面现在大部分情况下刷机所用的ROM都是通不过CID校验的；另一方面万一刷机失败，对于SuperCID的手机更容易修复。

4．HTC Sense

HTC为Android系统设计的用户界面。从HTC Hero开始，HTC推出的所有产品都整合HTC

Sense，并符合三个设计理念，包括Make It Mine、Stay Close和Discover the Unexpected。

5．APP TO SD、APP2SD

一些Android机器在安装程序的时候默认是安装在机器内存上的，这就会导致原本不大的内存被占用，运行速度降低，而存储卡利用率却很低的情况。APP TO SD就是把程序安装到SD卡从而腾出手机内存以提高运行速度的意思。APP2SD亦然，只是谐音而已。

6．IPL、SPL

IPL英文全称是Initial Program Loader，负责主板，电源、硬件初始化程序，并把SPL装入RAM。若IPL损坏了，那么手机基本就报废了，或者还可以通过换字库来解决。

SPL英文全称是Second Program Loader，"第二次装系统"，就是负责装载OS操作系统到RAM中。另外SPL还包括许多系统命令，如mtty中使用的命令等。SPL损坏了还可以用烧录器重写。

SPL一般提供这几部分功能：检测手机硬件、寻找系统启动分区、启动操作系统为系统的基本维护提供操作界面，可以通过数据线与操作终端（如PC）建立连接，并接受和执行相应命令。它里面包含许多命令，如r2sd，l，doctest（危险命令，它会擦除gsmdata）等。我们常说的三色屏就是由SPL驱动的。检测SD卡，当你把一些特殊制作的SD卡插入后，SPL可以在启动时校验并根据SD卡内容刷机或执行一些命令。这有点类似于PC的从软驱启动。

IPL和SPL版本可以在三色屏中查看。按住照相键不放，然后短按电源开机键即可进入三色屏查看相关信息。

7．Sign

Sign是指给ROM包或者APK应用程序签名，只有签名过的ROM或者APK才可以刷入或安装到手机上。

8．Cyanogen、CM

Cyanogen是国外一位牛人，其制作的CyanogenMod系列ROM比较流行，主要追求的就是速度，CyanogenMod的缩写就是CM，因而我们也常见CM ROM。

9．ADB

ADB是Android Debug Bridge的缩写，意为Android系统的调试桥。通过ADB我们可以在Eclipse中通过DDMS来调试Android程序，其实这就是用于谷歌Android系统的debug调试工具。

ADB的工作方式比较特殊，采用监听Socket TCP 5554等端口的方式让IDE和Qemu通信，默认情况下ADB会daemon相关的网络端口，所以当我们运行APK安装器时ADB进程就会自动运行。

　　除了上述的操作功能之外，我们也可以通过ADB管理设备或手机模拟器的状态，还可以进行很多手机操作，比如刷ROM系统升级、运行shell命令等。

10、ROM(包)

　　智能手机配置中的ROM指的是E^{2}PROM(电擦除可编程只读存储器)类似于计算机的硬盘，手机里能存多少东西就看它的容量了。底包+更新包统称为一个ROM包。

11．ROM分类

　　一般分为两大类，一类是出自手机制造商官方的原版ROM，特点是稳定，功能上随厂商定制而各有不同；另一类是开发爱好者利用官方发布的源代码自主编译的原生ROM，特点是根据用户具体需求进行调整，使ROM更符合不同地区用户的使用习惯。

12．recovery

　　笼统地说，就是一个刷机的工程界面。如果你装过系统，你可能知道DOS界面或者WinPE，安装了recovery相当于给系统安了一个DOS界面。在recovery界面可以选择安装系统、清空数据、ghost备份系统、恢复系统等。刷recovery与刷ROM不冲突。

13．Root

　　Root权限与我们在Windows系统下的Administrator权限可以理解成一个概念。Root是Android系统中的超级管理员用户账户，该账户拥有整个系统至高无上的权利，所有对象他都可以操作。只有拥有了这个权限我们才可以将原版系统刷新为改版的各种系统，比如简体中文系统。

14．Radio

　　简单地说，Radio是无线通信模块的驱动程序。ROM是系统程序，Radio负责网络通信，ROM和Radio可以分开刷，互不影响。如果你的手机刷新了ROM后有通信方面的问题可以刷新Radio试一试。

15．分区解释

　　system：系统分区。

　　我们刷机器一般就是刷的这个分区。

　　userdata：数据分区。

　　cache：recovery分区。

　　boot：存放内核和ramdisk的分区。

hboot：这个是SPL所在的分区。很重要哦。它也是fastboot所在的分区。刷错了手机就真的变砖了。

splash1：这个就是开机第一屏幕了。

radio：这个是无线所在的分区。

misc：其他分区。放的是HTC的一些东西。

16．APK

APK 是Android Package 的缩写，即Android安装包。APK 是类似Symbian Sis 或Sisx 的文件格式。通过将APK 文件直接传到Android 模拟器或Android 手机中执行即可安装。我们安装APK 一般有这样几种途径：

（1）使用PC端软件，如 91手机助手、豌豆荚等，连接手机后进行安装，此方法简单明了，可将程序通过PC安装在手机上。

（2）将APK 文件复制到手机的存储卡，然后手机通过文件管理器（如RE等）找到APK所在，轻点就可以了。

（3）直接使用手机在"电子市场""安卓市场"上面在线下载安装。

17．RA-hero-v1.6.2里的对应的说明

（1）Reboot system now——重启。

（2）USB—MS toggle——在recovery 模式下直接连接USB而不需要退出该模式。

（3）Backup／Restore——备份和还原。

①Nand backup——Nand 备份。

②Nand ＋ ext backup——Nand 备份（系统和ext 分区一同备份）。

③Nand restore——还原（就是还原3-1、3-2 的最后一次备份）。

④BART backup——BART 备份（包括系统和ext 分区）。

⑤BART restore——还原最后一次的BART备份。

Nand 备份类似于系统的备份，而BART则像是PC 上ghost 的备份。

Nand 备份不会备份ext 分区（就是第二分区，没有分区的可以不管这个）。

所以如果你已经APP2SD了，那么装在第二分区的程序用Nand恢复是办不到的，BART则可以备份到ext 分区。用BART 恢复则可以恢复整个系统，可以使它和你备份前一模一样，不会造成一点文件信息的丢失（包括联系人、短信、图片、影音等，所以如果你装的东西比较多，那么备份和恢复会比较慢）。

266

（4）Flash zip from sdcard——从SD卡根目录的.zip ROM 刷机包进行刷机。

（5）Wipe——清除。

①Wipe data/factory reset——清除内存数据和缓存数据（刷机前建议清除此项）。

②Wipe Dalvik-cache——清除缓存数据+ext分区内数据（刷机前建议清除此项）。

③Wipe SD：ext partition——只清除ext 分区内数据（刷机前建议清除此项）。

④Wipe battery stats——清除电池数据（刷机前建议清除此项）。

⑤Wipe rotate settings——清除传感器内设置的数据（刷机前建议清除此项）。

（6）Partition sdcard——分区SD 卡。

①Partition SD——自动为SD 卡分区。

②Repair SD：ext——修复ext 分区。

③SD：ext2 to ext3——将ext2 分区转换为ext3 分区（推荐）。

④SD：ext3 to ext4——将ext3 分区转换为ext4 分区（C4 卡不推荐，C6 卡推荐）。

（7）Other——其他。

①Fix apk uid mismatches——修复apk 程序。

②Move apps+dalv to SD——移动程序和虚拟缓存到SD 卡（这个可不是 app2sd）。

③Move recovery.log to SD——移动刷机日志文件到SD 卡（执行此操作后，SD 卡根目录会出现一个"recovery.log" 文件，即为刷机日志文件）。

（8）Power off——关机。